AI와 살아가기 위한 기초 지식

AI와 살아가기 위한 기초 지식

How to Talk to Robots

타비타 골드스타우브 지음
김소정 옮김

해나무

일러두기

• 각주는 모두 옮긴이 주다.

이 길을 걸으며 내가 만난 모든 여성에게

이 책을 바칩니다.

나, 타비타 골드스타우브

들어가며

어렸을 때 우리 남매는 게임보이를 손에서 놓지 않았다. 요시의 꿈의 세계, 마리오 카트 레이서스, 철권을 하면서 시간을 보냈다. 게임 세상은, 화소로 이루어진 아름다운 풍경으로 가득 차 있었다. 나는 이기는 순간의 그 아찔함을 사랑했다. 나에게 게임 세상은 성별이 중요하지도 않고, 여자도 남자도 없는 세상이었다. 우리 집은 패션과 관련된 일에 종사하는 집안이었다. 어머니는 패션 잡지 에디터였고, 아버지는 직물 상인이었다. 당연히 어린 나는 패션쇼장 바닥에 앉아 있어야 할 때가 많았다. 그때도 무대에서 선보이는 옷보다는 게임보이에 정신이 팔려 있을 때가 더 많았지만 말이다.

내가 열 살이던 1995년에 부모님은 나에게 초창기 가정용 컴퓨터를 사주셨다. 컴퓨터는 부엌에 자랑스럽게 놓여 있었고, 나는 가족마다 다른 로그인 배경을 만들려고 마이크로소프트 페인트 프로그램을 가지고 놀면서 몇 시간이고 컴퓨터 앞에 앉아 있었다. 그때 나는 테크놀로지계의 피카소가 된 것 같은 기분이 들었다. 그때의 나에게 컴퓨터는 공학이 아니라 예술을 위한 도구였다.

학창 시절에 인터넷으로 들어가는 문은 P. G. 우드하우스의 단편소설 속 집사의 이름을 딴 애스크지브스Ask Jeeves* 였고, 워드와 엑셀 가이드는 마이크로소프트사의 마스코트인 종이 클립 클리피Clippy였다. 그때 나에게는 남자도 아니고 여자도 아닌 다마고치도 있었다. 이 모든 경험이 말해주는 것은 과거의 나는 행복하게도 기술의 영역에서 성이 어떤 특정한 역할을 한다는 사실을 조금도 알지 못했다는 것이다. 나에게 기술은 남자의 일도 여자의 일도 아니었다. 그저 '내' 일이었다.

그리고 몇 년이 흘렀다. 중고등학교에서 의무적으로 배워야 하는 IT 관련 수업을 받으면서 기술은 너무나도 지루한 분야가 되었다. 수업 시간에 우리는 병원에서 예약 환자를 관리하는 법, 메일머지**를 이용해 환자 데이터에 접근하고 메일을 보내는 방법 등을 배웠다. 그런 수업은 내게 전혀 감흥을 주지 못했다. 지금 생각해보면, 그때 내가 기술의 진정한 잠재력을 발견하지 못한 건 당연했다. 물론 내가 받은 교육은 병원 접수대 직원에게 반복적인 고된 일을 줄이면서도 효율적으로 일할 수 있는 도구를 제공했을 것이다. 하지만 그때 선생님이 기술은 치료가 필요

* 미국의 검색 엔진 사이트로 나중에 Ask.com으로 바뀌었다.
** 전자우편으로 같은 편지를 여러 사람에게 한꺼번에 보내는 기능.

한 환자를 예측하고 생명을 구하는 데 도움을 줄 수 있다고 말해 주었다면 어땠을까? 그랬다면 나는 컴퓨터 과학을 공부했을지도 모른다. 그 매력을 몰랐던 나는 할머니의 뒤를 좇아 광고의 세계로 들어가기로 마음먹었다. 외부 자극에 쉽게 영향을 받는 나와 친구들은 우리의 마음을 사로잡은 텔레비전 광고와 광고판, 광고 문구 뒤에서 일하는 영리한 사람들에게 정말로 매혹되었기 때문이다. 그때는 광고의 세계에 매혹되어 있었을 뿐, 광고의 힘에 두려움을 느끼지는 않았다.

대학교에 들어가기 전에 한 음식점에서 아르바이트를 했는데, 그곳은 막 출시된 전산 거래 시스템을 가게 운영에 도입하려고 애쓰고 있었다. 가게 매니저는 금전 등록기 사용법을 남자들에게 가르쳤다. 그것은 남자들이 더 빠르게 승진하고 계산대 뒤에서 일할 기회를 더 많이 갖게 된다는 뜻이었고, 여자들은 홀에서 서빙을 해야 한다는 뜻이었다. 그런데도 나는 그런 구분이 불공평하다는 생각조차 하지 않았다. 그냥 내가 컴퓨터를 다룰 수 있는 사람이 아니라고만 생각했다. 금전 등록기 같은 복잡한 기계는 당연히 남자가 다루어야 한다는 선입견을 받아들인 것이다. 내 마음이 무의식적으로 받아들인 이런 부당함은 결국 내가 남자들보다 더 적은 급여를 받아야 한다는 결과를 낳고 말았다. 홀에서 하는 일은 계산대에서 하는 일보다 급여가 적었고, 그 때문에 내가 좋아하던 일을 싫어하게 되었다. 십 대 시절에 나는 어떤 일을 겪었던 걸까? 언제부터, 어떤 식으로 컴퓨터 세상은 남자들의 것이라고 인식하게 되었는지, 지금도 도무지 알 수가 없다.

내가 대학에서 광고를 배울 무렵에는 새로 등장한 인터넷이 세상을 환히 밝히고 있었다. 더는 애스크지브스가 정보의 세상으로 들어가는 수문장 역할을 하지 못했다. 이제는 정보를 검색하는 동시에 정보를 공유하는 세상이 되었다. 컴퓨터 사용자들은 서로에게 직접 말을 걸기 시작했다. 미국 대학생들의 소셜네트워크 플랫폼 더페이스북(그때는 그렇게 불렀다)이 막 걸음마를 시작했을 때 거기에 가입하려고 가입 승인을 해줄 대학교 이메일을 기다리던 기억이 난다. 소통 방식은 바뀌고 있었고, 내가 택한 인생 경로는 낡아버린 것처럼 느껴졌다. 구식 광고는 더 이상 사람들의 마음을 움직이지 못할 것이 분명해졌다. 나는 인터넷을, 인터넷이 주는 끝없는 기회와 그 즉시성과 규모를 사랑할 수밖에 없었다.

새로운 방식으로 인터넷을 사용하게 된 뒤로 3년 동안 나는 나와 컴퓨터의 관계를 새롭게 규정해줄 수업을 찾아서 들었다. 그때 코딩도 배웠다. 하지만 난독증과 자신감 부족으로 도무지 실력이 늘지 않았다. 솔직히 말해서 나는 가망이 없었다. 그런 내게 진정한 깨달음의 순간이 찾아온 것은 스퀘어스페이스Squarespace를 만나고 나서였다. 스퀘어스페이스는 코딩을 몰라도 웹페이지를 만들 수 있고 인터넷을 이용해 사람들과 소통할 수 있다는 사실을 알려주었다. 그 무렵에는 코딩에 적응하지 못하는 나 같은 사람들도 웹사이트를 만들어 엄청난 수익을 얻을 수 있게 해주는 상품과 그런 상품을 만드는 회사들이 매일같이 새로 생겨났다.

대학교 때 인턴으로 들어갔던 광고 회사들은 모두 디지털 캠페인을 광고의 열등한 하위 분야로 취급했고, 여자도 같은 취급을 할 때가 많았다. 그곳에서 나는 정말 억압받고 있다는 기분이 들었다. 하지만 스타트업의 세계는 분위기가 전혀 다른 것 같았다. 먼발치에서 나는 라스트미닛닷컴lastminute.com의 공동 창업자인 마사 레인 폭스(이 사람 이야기는 나중에 읽게 될 것이다)가 회사의 수익금이 수백만 달러에 달하자 남자 공동 창업자와 똑같은 금액의 수당을 받는 모습을 지켜보았다. 그곳은 공평한 운동장처럼 보였고, 그런 곳이 있다는 사실에 무척 흥분했다.

그래서 나는 직접 스타트업 회사를 차리거나 스타트업 회사에 취업하리라 마음먹었다. 2008년에는 지금까지와는 전혀 다른 방식으로 유명 인사들과 협업해 온라인 동영상 콘텐츠를 제작하는 t5m의 창업자이자 CEO인 찰리 뮤어헤드를 만났다. 인턴으로 t5m에 합류한 나는 워드와 코드를 추가해 동영상을 유튜브 상위에 노출하고, 인터넷으로 널리 퍼트리는 기술을 배웠다. 이제 막 대학을 졸업한 신입 사원들을 관리하는 직급으로 승진했을 때는 노동 집약적이고 기계적인 우리의 일을 효율 만점의 자동화 시스템으로 전환해야 한다는 사실을 깨달았다. 안 그랬다가는 미쳐버릴 수도 있었다! 그 야망을 실현하기 위해 기술팀과 긴밀하게 협력했던 시간은 정말 즐거웠다.

그런 노력을 기울이는 동안 우리 회사의 생산 부서는 상당히 놀라운 성공을 거두었다. 일부는 사람이고 일부는 소프트웨어였던 우리 팀은 정말로 훨훨 날았다. 사업은 저절로 잘 굴러갔고, 우리는 전적으로 다른 사람들의 동영상을 널리 퍼뜨리는 기술을 개발하는 일에만 집중할 수 있었다. 그 동영상들의 온라인 조회 수를 보는 것이 내 삶의 전부가 되었다. 어떻게 해야 짧은 시간 동안 더 많은 사람이 동영상을 보게 할 수 있을까? 나는 온통 그 생각에 사로잡혀 있었다.

내가 몸담은 회사, 라이트스터Rightster는 12개국에서 250명이 일하는 기업으로 성장했고, 훗날 나는 당시 미국을 제외하고 이 세상에서 가장 규모가 큰 온라인 동영상 유통 회사를 공동 창업한 사람으로 인정받게 되었다. 우리는 영국 왕실의 케이트 왕세자비와 윌리엄 왕자의 결혼식, 2000건이 넘는 패션쇼, 브릿 어워드 등 굵직한 이벤트를 촬영한 동영상을 온라인 플랫폼에 실시간으로 올렸다. 하지만 그 작업은 여전히 손이 너무 많이 가는 것 같았다. 고객이 원하는 수백만 건의 조회 수가 나오려면 수천 개가 넘는 웹사이트에 동영상을 올려야 했다. 우리 회사에는 70명으로 구성된 정말로 멋지고 강력한 기술팀이 있었지만, 클라우드의 동영상을 웹사이트로 전송하기 위해 코드를 복사하고 붙이는 작업은 끝이 없었다. 나는 이 작업을 피할 방법을 반드시 찾아야 한다고 생각했다.

데이터 과학, 기계학습, 궁극적으로는 AI라는 용어를 처음 알게 된 것이 바로 그 무렵이었다. 그것은 나에게 기적처럼 느껴졌다. 잠 못 이루던 밤은 과거의 일이 될 수 있었다. 기계가 해결책이 될 수 있었다! 그러나 당연히 현실은 그렇게 단순하지 않았다. 찰리가 나에게 가능성을 조사해보라고 했고, 나는 1년이라는 시간과 엄청난 회사 돈, 동료들의 인내심을 소비해가면서 새로운 기술을 개발하려고 노력했다. 우리의 꿈은 AI를 이용해 정확한 시간에 적절한 사람에게 꼭 필요한 동영상을 보내주는 것이었다. 그렇게 되면 사람들은 그 동영상을 클릭할 것이다. 우리에게는 어떤 웹사이트에 동영상을 올려야 하는지, 어떤 사용자에게 어떤 동영상을 제공해야 하는지를 조사할 필요 없이 자동으로 그 일을 처리할 기술이 필요했다. 하지만 안타깝게도 기술을 개발하는 데 필요한 자금을 신속하게 확보하지 못했고, 사람들의 신뢰를 잃었다. 그때는 AI 시스템을 구축하는 방법을 아는 회사가 많지 않았고, 전문 지식이 없는 사람이 숨겨진 보석을 발견하는 일은 거의 불가능에 가까웠다. 그 힘든 과정을 겪으면서 AI는 마법이 아니라는 것, AI 시스템을 구축하려면 단순한 열정만이 아니라 다른 것이 많이 필요하다는 사실을 깨달았다.

이런 실패의 경험은 다음번에 큰 도약을 할 수 있게 해주었다. 라이트스터를 상장하고 그 분야에서 비슷한 기업들이 생겨났을 때, 우리는 시장에서 떠나야 했다. 우리는 AI를 좀더 자세히 알고 다른 기업에게 AI가 어떤 의미인지 파악하는 데 우리의 시간을 쓰기로 합의했다. 우리가 런던에 살고 있으며 세계에서 가장 우수한 대학들이 가까이 있다는 것은 행운이었다. 그 덕분에 우리는 뛰어난 석학들을 저녁 식사에 초대해 그 무렵에 가장 많이 회자되던 주제로 토론할 수 있었다. AI는 우리 사업뿐 아니라 전체 사회를 바꿀 패러다임의 전환임이 분명했다. 물론 이런 일련의 일은 아주 극적인 변화처럼 들릴 것이다. 하지만 AI의 역사를 다룬 장에서 알게 되겠지만, AI는 그 무렵에 나타난 새로운 현상도 아니고 처음 발견된 현상도 아니다. AI는 1960년대부터 우리 주위에 있었다. 하지만 사업계에서 AI는 이제 막 태동하는 개념일 뿐이며, 지금이 가장 흥미로운 시간이다. 우리의 연구는 결국 코그니션엑스CognitionX(CogX)의 설립으로 이어졌다.

현재 코그니션엑스는 50명이 넘는 직원이 일하면서 AI를 비롯해 새롭게 개발되고 있는 다른 기술들을 알고자 하는 기업을 위해 플랫폼을 제공하고 있다. 이 플랫폼은 기업에 해결책을 제시함으로써 AI라는 복잡한 지형을 헤쳐 나갈 수 있게 도와줄 전문가를 기업 내부에서 찾아주거나 수천 명에 달하는 외부 전문가를 더 넓은 공동체에서 찾아주는 역할을 한다. 런던 시장 정책실을 위해 AI 생태계에 관한 보고서를 작성한 것도 그런 노력의 일환이었다. 런던 시장 정책실은 정책을 개발해 더 많은 회사를 런던에 유치하고자 했다. HSBC(홍콩상하이은행) 같은 대기업이나 지방자치 정부에서 근무하는 엄청난 두뇌들과 함께 일한다는 것은 영광이다. 해마다 우리는 런던에서 코그엑스 축제를 열어 산업계, 정부, 시민 사회, 학계에서 찾아온 3만 명이 넘는 사람들과 함께 밝은 미래를 만들어 나갈 방법을 논의한다.

나의 열정은 AI 공동체를 향해 있다. 그것은 내가 깨어 있는 모든 시간에 AI 공동체가 직면한 중대한 문제들을 고민하면서 보낸다는 뜻이다. 나는 문제에 부딪힌 사람들을 만날 기회를 소중하게 여긴다. 2018년에는 영국의 두 장관, 맷 행콕과 그레그 클라크가 나를 책임자로 세워 AI 최고 전문가들로 꾸려진 정부 자문위원회를 구성하도록 했다. 영국 AI자문위원회는 내각을 책임지는 정부와 사나 카레가니Sana Khareghani가 수장으로 있는 인공지능부를 지원해 AI에 관해 영국이 번영하고 모든 사회가 혜택을 누리는 결정을 내리도록 돕는 중이다.

나는 정말 AI의 세계에 푹 빠져 있고, AI 세상이 실현될 수 있도록 모든 노력을 기울여왔다고 자신할 수 있다. 그동안 나는 회의에 참석하건, 친구를 만나건, 「BBC 브랙퍼스트BBC Breakfast」와 인터뷰를 하건 간에 기회만 있으면 왜 AI의 등장이 사람에게 일어날 수 있는 가장 근사한 일인지를 설명하느라 바빴다. 그러니까 나는 낙관론에 푹 빠져 있었던 것이다. 하지만 AI 기술이 사람들에게 저마다 다른 방식으로 영향을 미칠 것이라는 사실을 깨달은 뒤로, 내 태도는 바뀌기 시작했다. AI에 관한 글을 깊고 폭넓게 읽어나가면서 그동안 내가 찬양했던 기술이 많은 여성에게는 엄청나게 부정적인 영향을 미칠 수도 있음을 알게 되었다. 그런 깨달음은 우리 앞에 놓인 힘든 도전의 규모와 깊이를 알아야 한다는 생각으로 이어졌고, 나는 여성들을 모으고 '여성들에게 AI가 필요한 이유'를 탐색하는 여러 행사를 기획하게 됐다.

몇 년 전에 나는 크리에이티브 사업계에 종사하는 여성들을 위한, 가슴이 저밀 정도로 멋진 잡지 『리포스트*Riposte*』가 주최하는 행사에 강연을 하러 간 적이 있었다. 그때 강연장을 둘러보면서 그곳에서는 내가 늘 해왔던 대로 AI와 사업에 대한 낙관적인 생각을 전달할 수는 없겠다는 사실을 깨달았다. 그곳에 모인 여성들은 각자의 분야에서 정점을 찍은 사람들이었는데, 나는 '그들에게' AI가 중요한 이유를 설명해야 했다. 당시 나는 AI가 모든 규칙을 어떻게 바꾸고 있는지를 제대로 알지 못한다면 많은 여성의 경력이 스마트 기계 때문에 파괴되리라는 사실을 분명하게 깨닫고 있었다. 이 책은 그런 여성들이, 그리고 당신이 AI 세상을 단단히 대비할 수 있기를 바라며 제시하는 아주 작은 시도다.

시작하기

새로운 기술이 세상을 바꾸는 동안 나는 운이 좋게도 맨 앞자리에 앉아 있을 수 있었으며, 지금은 그 자리를 당신에게도 마련해주겠다는 목표를 가지고 있다. 우리가 가고 있는 길을 향해 다가오는 시련도, AI가 불러올 수도 있는 긍정적인 변화도, 나는 당신과 함께 나누고 싶다. 우리에게 다가오는 이 신기술의 물결은 우리를 쓰러뜨릴 해일일 수도 있고, 우리를 태우고 밝은 미래로 달려갈 큰 파도일 수도 있다. 이 사실을 분명하게 깨닫기 시작했을 때 나는 내가 알아낸 내용을, 즉 AI가 가져올 위험과 보상, AI 세상이 여성들에게 미칠 수 있는 부정적인 영향을 다른 사람들에게도 알려줘야 한다고 느꼈다. 무엇보다도 중요한 것은 기술을 '따분하고 두려운' 것, '다른 사람들에게나 적합한' 무엇이라고 생각하지 않도록 하는 것이다. 나는 과학자도, 공학자도, 개발자도, 기술자도 아니다. 내가 기술을 그토록 오랫동안 이해하지 못했던 것은 기술적인 생각이 대부분 복잡한 수학을 토대로 하고 있기 때문이다. AI 기술이 세상에 미칠 영향을 이해하고 싶다고 해서 반드시 AI 기계의 내부 작동 원리를 정확하게 알 필요는 없다. 이 사실을 깨달은 순간, 나는 정말로 해방감을 느꼈다. 우리에게 필요한 것은 그저 새로운 세상에서 적응하고 번영할 방법을 익히는 일이며, 우리가 익힌 내용을 다른 사람들도 익힐 수 있도록 돕는 방법을 분명하게 이해하는 것뿐이다.

지금 이 순간, 가장 명심해야 할 점은 AI 세계는 바로 이 순간에도 급변하고 있다는 사실이다. AI 세계를 구성하는 복잡하고도 강력한 아이디어들을 모두 응축해서 설명하는 일을, 나로서는 할 수 없다. 이 책은 AI 세계를 상세하게 알 필요가 있는 사람들이 아니라, 그럭저럭 이해하는 것만으로도 충분한 우리 같은 사람들을 위한 것이다. 이 책을 AI 세계를 소개하고 더 많은 탐험으로 이끌어주는 입문서로, 일종의 패치워크 작품으로 생각해주면 좋겠다. 책의 핵심 내용은 나에게 엄청나게 많은 정보를 주고 내 생각에 커다란 영향을 미친 여성들과 나눈 심층 인터뷰다. 그들의 생각을 바탕으로, 그 위에 당신만의 생각을 덧붙일 준비를 하자. 책을 읽으면서 생각나는 내용을 여백에 마구 적고, 나중에 다시 살펴볼 부분에는 동그라미를 치자. 이 책에서는 논문이나 기사도 자주 언급했는데, 검색 엔진을 활용하면 그 내용을 충분히 확인해볼 수 있다. 전자책이나 오디오북으로 읽는다면 생각나는 내용을 음성으로 녹음할 수도 있고, AI를 이용해 기록할 수도 있다!

이 책의 뒷부분에서 소개한 책들을 읽으면서 더 많은 내용을 익히고, 내가 제안한 일들을 시도해보고, AI 관련 행사에 참석해보고, 자신이 직접 세운 가설들을 시험해보자. 이 책이 당신에게 발견을 향한 여정을 계속하겠다는 확신을 심어주고, 기술 세상에서 당신이 적절한 자리를 찾는 데 도움이 되기를 바란다. 이 책은 당신이 선택한 첫 번째 '인공지능' 책일 수도 있다. 하지만 마지막 책은 아니었으면 좋겠다.

차례

핵심 용어

이 책을 제대로 활용할 수 있게 도와줄 단어와 전문용어

이 책을 읽으면서 거듭 만나게 될 용어들을 정리해보자. 어떤 용어는 폭넓게 쓰이지만, 어떤 용어는 좁은 의미로 한정해 쓰인다. 본문에 들어가기 전에 이 핵심 용어를 모두 읽을 필요는 없다. 그저 책을 읽다가 언제라도 용어의 정의를 알아야 할 필요가 생기면 재빨리 펼쳐서 참고하면 된다. 핵심 용어를 참고해도 의미가 분명하게 이해되지 않는 부분이 있다면 시리 같은 음성 인식과 자연어 처리 과정을 동시에 진행해 검색을 돕는 음성 검색 소프트웨어의 도움을 받을 수도 있을 것이다.

감성 컴퓨팅 Affective Computing 기계가 감성과 기분에 대해 생각하고 그것을 구현하도록 하는 데 중점을 둔 로봇 및 AI 연구 분야. 감성 컴퓨팅은 컴퓨터 과학뿐 아니라 정보과학, 심리학, 철학 등 여러 학문의 지식이 활용된다.

기계학습 Machine Learning 머신러닝이라고도 불리는 기계학습은 기계가 명확한 과제 수행 방법을 지시받는 방식이 아니라 데이터와 경험을 바탕으로 스스로 결정하는 법을 익히는 방식이다. 일종의 좁은 인공지능이다. 의사결정 과정이 여러 단계인 기계학습을 **딥(머신)러닝**이라고 부른다. 기계학습에는 크게 지도학습, 비지도학습, 강화(증강)학습이 있다.

데이터Data 개별 정보 단위로 이루어져 있다. '데이터', '정보', '지식'이라는 용어를 뒤섞어서 쓰는 경우도 있지만, AI의 세상에서 데이터란 AI 시스템을 훈련하거나 학습시킬 수 있는 정보를 기술하는 용어다.

데이터 세트Dataset 한데 모아 분석하거나 연구할 수 있는 데이터 집합.

딥러닝Deep Learning 기계학습의 한 종류로, 경험으로 배우는 사람의 뇌 구조를 흉내 내도록 컴퓨터 시스템을 학습시킨다. 이 때문에 딥러닝 시스템의 구조를 **인공신경회로망**이라고 부르기도 한다.

빅데이터Big Data 컴퓨터를 이용해 데이터 세트의 패턴과 경향, 연관성을 분석하고 밝힘으로써 엄청나게 규모가 큰 데이터 세트를 기술하는 방식.

성별 데이터 격차Gender Data Gap 작가 캐럴라인 크리아도 페레스가 『보이지 않는 여자들』에서 데이터 세트는 남성 중심의 편향을 나타낼 때가 많다는 사실을 기술하면서 이 용어를 사용했다. 데이터 세트가 남성 중심적이라면, 그 데이터에서 도출한 결론은 여성, 그중에서도 특히 유색인종 여성의 필요와 경험을 반영할 가능성이 낮다는 것이다.

알고리즘 Algorithm 아주 골치 아픈 용어다! 가장 단순한 의미의 알고리즘은 컴퓨터가 문제를 풀려고 할 때 따라야 하는 일련의 규칙이라고 정의할 수 있다. 그러나 이 책에서는 알고리즘을 AI 알고리즘, 즉 AI가 과제를 수행할 때 따라야 하는 지시어(명령어)라는 의미로 사용했다. 이미 데이터로 훈련을 시킨 알고리즘은 모델이라고 부르기도 한다.

인공신경회로망 Neural Network 딥러닝 시스템에서 사용하는 층상 구조로 된 알고리즘. AI의 작동 방식을 이야기할 때 딥러닝과 인공신경회로망 개념이 뒤섞일 때가 많은 것은 이 때문이다.

인공지능 Artificial Intelligence, AI 저마다 정의하는 방법이 다르고 뜨거운 논쟁거리이기 때문에 정의하기가 쉽지 않다. 가장 단순하게 정의한다면 AI는 추론이나 학습 등 사람의 지능과 관계 있는 과제를 수행할 수 있는 컴퓨터 시스템이라고 할 수 있다. 일단 이렇게 폭넓게 정의한 AI는 중요한 차이점을 근거로 다음처럼 두 가지로 나누어 정의할 수 있다.

❶ **좁은 인공지능** Artificial narrow Intelligence, AI 좁은 의미의 AI는 지능과 관련된 한 가지 과제를 수행할 수 있는 컴퓨터 시스템을 뜻하는 포괄적인 용어다. 이 AI는 이미지 자동 정렬이나 문서 일반화 같이 한 가지 목적을 수행하기 위해 구축되며, 현재 과학자들이 충분히 만들 수 있다.

❷ **일반(범용) 인공지능** Artificial General Intelligence, AGI 슈퍼지능이라고도 한다. 기계 스스로 학습하고, 추론하고, 작동하는 능력을 동시에 발휘할 수 있는 이상적인 인공지능을 의미한다.

자연어 처리 Natural Language Processing, NLP 인간의 언어를 처리하는 기계를 돕고 질문을 하는 인공지능 내부에 관한 다양한 연구 영역.

전문가 시스템 Expert System 인간 전문가처럼 지식 데이터베이스를 기반으로 결정을 내릴 수 있는 컴퓨터 시스템. 이 용어는 1970년대에 등장해 1980년대에 많이 사용되었지만, 지금은 그다지 많이 쓰이지 않는다.

컴파일러 Compiler 고급언어(코드)로 쓰인 소스 프로그램을 번역해 컴퓨터가 처리할 수 있는 기계어(모드)로 바꿔주는 시스템.

필터 버블 Filter Bubble 개인화된 알고리즘은 웹사이트 사용자를 기존의 관심사나 믿음을 강화하는 정보와 견해만을 접하도록 할 수 있다. 사용자가 비눗방울 안에 갇혀 있다는 의미다.

훈련 데이터 Training Data 기계가 각 데이터 집합의 특성을 학습할 수 있도록 집합마다 적합한 출력 또는 태그를 지정한 데이터.

STEM 과학Science, 기술Technology, 공학Engineering, 수학Mathematics 분야를 아울러 지칭하는 약어.

* **로봇과 인공지능** 대부분의 경우 인공지능 시스템은 구체적인 '형체'가 없다. 로봇이라고 해서 모두 AI를 장착하는 것은 아니다. 그러나 이 책에서는 독자의 관심을 끌기 위해 AI를 '로봇'이라 부르기도 했다. 이 책은 처음부터 끝까지 우리가 AI와 상호작용하는 방식을 거듭해서 다룰 것이다. 구체적인 형체가 있느냐 그저 디지털로 존재하느냐에 상관없이 내가 정말로 전하고 싶은 내용은 AI를 대하는 방법이다.

1장

그래서 AI가 정확히 뭐죠?

AI를 알아야 하는 이유

혹시 이런 경험을 해본 적이 있는가? '스냅챗 앱에서 아기 얼굴 필터를 사용해본 적이 있다. 받은 메일함에서 신나게 스팸 메일을 지워본 적이 있다. 페이스북에 사진을 올렸을 때 사진에 찍힌 친구들이 자동으로 태그된 적이 있다. 휴대전화의 사진 자동 보정 기능이 너무 훌륭해서 신기하다고 생각하거나 아주 우스꽝스럽다는 생각이 들어서 친한 친구에게 문자를 보낸 적이 있다. 자동 번역기 앱을 이용해 외국어로만 대화해본 적이 있다. 넷플릭스에서 추천하는 영화나 드라마를 본 적이 있다(또는 보고 나서 엄청 실망한 적이 있다)?' 이런 상황을 한 번이라도 겪어본 사람은 이미 인공지능과 상호작용한 것이다.

많은 사람이 매일 사용하는 AI는 점점 더 정확해지고 있다. 구글 지도를 생각해보자. 원래 구글 지도는 A라는 곳에서 B라는 곳까지 가는 길을 안내하는 앱이었다. 그러다가 대중교통을 가장 적게 갈아타서 목적지에 도착하는 방법을 알려주는 앱이 나왔다. 지금은 우리가 타야 할 버스나 지하철에 사람이 얼마나 많은지를 물은 뒤에, 특정 시간에는 서서 가야 한다는 사실을 알려주는 정도로까지 발전했다. 그뿐이 아니다. 구글 플레이스라는 기능이 추가되어 전 세계 곳곳에 있는 명소와 건물, 식당의 내부 모습까지 보여준다. 구글 플레이스는 당신이 가고 싶어할 만한 곳까지 추천해준다. 구글 캘린더에 치과 예약 일정을 기록하면 구글 지도는 자동으로 당신이 가는 장소에 치과를 추가해 개인 맞춤 지도를 작성할 것이다. 심지어 다음 약속 시간에 늦지 않으려면 지금 하고 있는 회의를 끝내고 떠나야 한다는 사실까지 알려준다. 어젯밤에 구글 지도는 내게 귀가 경로를 알려주려고 저녁 식사 장소에 주차한 곳의 위치를 지도에 표시해놓았다. 처음에는 구글 지도가 그렇게까지 하는 것이 조금 무섭다는 생각이 들었지만, 주차 장소를 자주 잊어버리기 때문에 결국에는 고마워하게 됐다. 당신이 이 글을 읽을 때쯤에는 이 단순한 지도가 어디까지 발전해 있을까? 이 새로운 기술에 지나치게 의존했을 때 생길 수 있는 위험에 대해서는 나중에 논의할 것이다. 이 기술을 활용할 수 있는 사람과 그럴 수 없는 사람에 대해서도 (그리고 그 차이가 왜 중요한지에 대해서도) 나중에 논의할 것이다. 지금으로서는 손바닥만 한 스마트폰에 들어 있는 기술이 다양한 방식으로 일상에 영향을 미친다는 것을 분명하게 인지하는 것으로 충분하다.

AI는 일상적인 업무를 전례 없이 빠른 속도로 자동으로 처리하고 있다. 새로운 디지털 기기를 손에 넣고 사용법을 배운다는 것은 끊임없이 AI에 대한 의존도를 높여나간다는 뜻이다. AI 기술이 분명하게 우리 삶에 침투했다는 사실을 의식하지 못하는 사람은 거의 없다. 하지만 대부분은 이 기술의 규칙이 끊임없이 바뀌고 진화하고 있다는 사실을 제대로 인지하지 못하고 있다. 현재 우리는 기계가 사람의 개입 없이도 스스로 학습하고 적응하는 방법을 배우는 시대를 살아가고 있다. 다음 몇 장에 걸쳐 알게 되겠지만, 이런 상황은 몇 가지 심각한 결과를 낳을 수도 있다.

AI의 많은 기능이 계속해서 우리 일상의 모든 면에 영향을 미치겠지만, 교통이 혼잡한 곳을 피하게 해주고 새로 나온 음악을 소개해주는 일 외에도 AI 시스템은 질병을 감지하고, 에너지 소비를 줄이고, 대출 승인 여부를 결정하고, 자율 주행 차량을 몰고, 컴퓨터 화면에 띄울 뉴스와 광고를 제시하고 결정하는 등의 일을 해낼 것이다. AI는 사람이 더 오래 건강하고 행복하게 살 수 있는 미래를 열어줄 가능성도 품고 있다. AI가 지루하게 반복되는 일을 맡음으로써 사람들이 좀더 창의적이고 성취감을 느낄 수 있는 일에 집중하게 된다면 일의 본질이 바뀔 수도 있다. 일의 본질이 바뀐다면 우리 시간의 어느 정도를 일하는 데 사용하고 어느 정도를 사람을 만나 관계를 맺는 데 사용할 것인지, 가치 있는 삶을 살려면 무엇을 해야 하는지에 대한 기본적인 개념이 아주 크게 바뀔 수 있다.

하지만 변화는 그와는 아주 다른 무시무시한 모습일 수도 있다. AI 기술은 반대로 많은 사람의 삶을 훨씬 나쁘게 만들 가능성도 품고 있다. 특히 사회적으로 매우 취약한 사람들의 삶을 말이다. AI는 빈부 격차를 더 벌리고, 불평등을 심화하며, 다양성을 줄이고, 어떤 일을 하건 결국에는 쓰러지는 사람이 생길 수밖에 없는 많은 구조적인 문제를 다시 불러일으킬 수 있다. 이런 가능성을 말하지 않는 사람은 AI에 관해 전부를 이야기하지 않은 것이다.

현재 AI의 현실은 창조자인 인간의 진실을 그대로 받아들이고 있다는 것이다. AI로 구현되는 기계는 사람이 시스템 안에 입력한 데이터를 기반으로 학습한다. 그 말은 우리 가운데 많은 사람이 피하거나 근절하려고 필사적으로 노력하는 사회 규범 또한 학습할 수 있다는 뜻이다. AI가 현재 존재하는 임금 격차나, 여성은 항상 집에 머물러야 한다는 생각을 받아들이도록 프로그램된다면 어떻게 될까? 여성 혐오나 의식적 또는 무의식적인 편향을 삶을 변화시킬 새로운 기술에 심어놓는다면 인류는 훨씬 불공평하고 훨씬 불공정한 미래를 맞이할 것이다. 그런 가능성을 생각하는 것만으로도 온몸이 오싹해진다. AI는 우리 삶을 향상할 수 있는 어마어마한 가능성을 품고 있지만, 여성에게 힘을 실어주기보다는 고정관념을 더욱 강화할 위험이 더 크다. 앞으로 읽게 되겠지만, 우리는 그런 일이 이미 현실에서 나타났다는 증거도 제시할 수 있다. 우리는 우리의 권리를 지켜야 하고, 성별에 관한 억압적인 생각이 고착되지 못하도록 맞서 싸워야 한다. 억압적인 성별 구조가 고착된다면, 지난 100여 년 동안 여성들이 이룩한 진보는 그 무엇이건 쉽게 무너져내릴 수 있기 때문이다. 우리는 그저 AI에 능숙하게 반응할 수 있는 사람이 아닌, 더 많은 일을 해내는 사람이 되어야 한다.

첫 번째 단계는, 번영하려면 반드시 기계와 함께 생활하고 함께 일하는 법을 배워야 한다는 사실을 받아들이는 것이다. 나는 여성들이 기계 때문에 일자리를 잃을 위험이 더 커지는 것을 바라지 않는다. 그런 일이 일어나는 것은 AI 사용법에 대한 준비 자료가 충분하지 않기 때문이다. 하지만 걱정하지는 말자. 이 책에 실은 인터뷰를 읽으면서 거듭 알게 되겠지만, AI 시대에 대비한다는 것은 당신이 프로그래머가 되어야 한다거나 통계학자, 디자이너, 공학자가 되어야 한다는 뜻이 아니니까. 그렇지만 여성도 분명히 이 모든 일을 해낼 수 있어야 한다. 실제로 AI 기술을 개척한 초창기 프로그래머 가운데 많은 사람이 여성이었다.

앞으로 AI의 영향을 받지 않을 사람은 아무도 없다. 당신은 학생들과 함께 나갈 현장 실습을 결정해야 하는 선생님인가? 아니면 진로를 고민하는 학생인가? 취업 준비를 하는 대학생인가? 혹시 사무직 직장인이나 자영업자인가? 어쩌면 당신은 병원에서 근무하는 간호사나 환자 이동 담당 직원이나 의사일지도 모르겠다. 은행원, 회계사, 광고 회사 직원일 수도 있고, 비정규직 근로자일 수도 있다. 당신도 이미 충분히 알고 있겠지만, AI 기술은 일터에 많이 침투해 있다. 우리가 풀어야 할 과제는 우리를 해치지 않고 도움이 되는 쪽으로 AI를 이용하는 방법을 알아내는 것이다.

서양에서 활동하는 공학자나 데이터 과학자 가운데 여성은 13퍼센트에 불과하다는 사실은 널리 알려져 있다. 당연히 나는 여러분 가운데 이 놀라운 통계 결과를 바꾸어줄 사람이 있기를 바란다. 하지만 이 책의 진정한 목적은 당신이 기술에 관심을 갖게 하는 것이다. AI 기술을 편안하게 사용하고, 일을 더 잘 해낼 수 있는 수단으로 활용하고, 제대로 이용해 더 나은 결과를 내고, AI 기술이 구축되고 배치되는 방법을 이해할 수 있게 하는 것이다. 이 책은 AI 기술에 특별한 지식이 없는 이들을 위해 쓴 실용적인 안내서다.

AI 시스템을 구축하는 데 우리도 참여할 수 있다. 제품 하나를 만들 때 얼마나 많은 단계가 필요한지 생각만 해봐도 우리는 그 방법을 알 수 있다. AI 기술을 구현하고 싶은 회사는 AI에게 목소리를 줄, 언어를 사랑하는 사람들이 필요할 것이다. AI에게 현대인의 사고방식과 역사를 알려줄 철학자와 역사가도 필요할 테고, AI가 목적에 맞게 잘 구현됐는지를 확인할 제품 관리자도 필요할 것이다. 인간처럼 생각하고 행동하는 기계를 만들려고 노력하는 동안 기술과는 상관없는 일을 하는 사람이 점점 더 많이 필요해질 것이다. AI에게는 전문적인 능력이 아니라 다재다능함이 있어야 한다. 이런 힘이 몇 사람의 손에만 쥐어져서는 안 된다. 현재 AI 분야의 일자리 거의 대부분을 차지하고 있는 남성의 손에만 머물게 해서는 안 되는 것이다.

그래요, 모두 좋은 말 같아요. 그래서 AI가 정확히 뭐죠?

이 질문에 대한 답을 찾으려고 나는 **캐런 하오**에게 전화를 걸었다. 캐런은 언론인이자 스토리텔러이자 공학자로, 지난 몇 년 동안 잡지 『MIT 테크놀로지 리뷰*MIT Technology Review*』의 지면을 빌려 나에게 복잡한 개념들을 설명해주었다. 수백 명이 설명해주려고 애썼던 개념들을 캐런은 너무나도 쉽게 설명해주었다. 항상 능숙하게 새로운 의사소통 방식을 찾아내는 캐런은 AI 전문가이면서 환경 문제에도 관심이 많아서, 학부생일 때는 쓰레기를 재활용한 옷으로 패션쇼도 했다! 캐런은 정말 여러 가지로 내 마음을 사로잡는 여성이다.

캐런 하오

KAREN HAO

AI에 관해 누구나 이해해야 할 기본 내용은 무엇이고, 그 내용이 혼란스럽게 느껴질 때가 많은 이유는 무엇일까요?

음, 넓은 의미로 AI는 기계 안에서 인간의 지능을 재현하려고 노력하는 지식의 한 분야예요. 이 목표를 제대로 이룬다면 기계는 스스로 배우고 추론하고 작동할 수 있겠죠. 사람이나 반려견처럼 행동하는 기계가 나오는 거죠. 그런 기계들은 빠르게 변하는 세상에서 정보를 받아들여 처리하고, 이전 경험을 바탕으로 정보에 반응하는 방법을 결정할 거예요. 어쩌면 그 기계들은 개별적인 그 무엇보다도 더 빠르게, 더 큰 규모로 일을 처리할 수

있을지도 몰라요.

인공지능 분야는 사람의 마음과 기계의 '마음'을 한데 합쳐 이 세상에서 매우 복잡한 문제들을 풀 수 있는 엄청나게 성능이 뛰어난 기계를 만들어내겠다는 꿈을 꾸고 있어요. 기후 변화, 빈곤, 굶주림처럼, 사람의 힘만으로는 해결하지 못했던 문제들을 해결한다는 꿈 말이에요. 나는 이 꿈의 기계를 NBC 코미디 시리즈 「굿 플레이스The Good Place」에 나오는 재닛이라고 생각하는 게 좋아요. 재닛은 완벽하게 자율적으로 행동하는 고차원적인 멋진 인공지능이에요. 상대방이 훨씬 나은 사람이 될 수 있도록 돕는 역할을 하죠.

AI라는 개념이 혼란스러운 이유는 AI라는 용어가 완벽하게 다른 두 가지를 가리키고 있다는 느낌이 들기 때문인지도 몰라요. 그중 하나는 우리가 그리는 AI 분야의 미래상이에요. 흔히 과학 소설에 등장하는 AI에 가까운 것이죠. 하지만 이미 직감하고 있겠지만, 현재 AI 시스템은 아직은 그런 똑똑하고 자율적인 프로세스하고는 거리가 멀어요. 아직 AI는 훨씬 단순하고 능력도 부족해서 스냅챗 사진에 강아지 귀를 붙이거나 페이스북에 올린 게시물에 순위를 매기거나, 스포티파이Spotify에서 좋아하는 신곡을 찾아주거나 하는 등의 간단한 과제만을 수행할 수 있어요.

AI를 연구하는 사람들은 이 두 가지 AI를 다른 이름으로 불러요. 꿈의 AI는 AGI, 즉 '일반 인공지능'이라고 부르고, 실제로 구현되고 있는 AI는 '좁은 인공지능'으로 구별하죠. 사람들이 보통 AI라고 부르는 건 좁은 인공지능이에요. 하지만 대중문화는 현재 구현되는 AI보다 훨씬 발전한 AI가 이미 존재한다는 생각을 하게 해요.

전체 상황을 더욱 복잡하게 하는 요소는 또 있어요. AI 연구자들이 끊임없이 기술의 경계를 확장하고 있기 때문에 AI에 관한 현대적 정의는 계속 바뀌고 있어요. 그러니까 30년 전에 AI라고 간주했던 것은 오늘날 더는 AI가 아닐 수 있는 거죠. 현재 우리가 알고 있는 AI에 관한 정의도 앞으로 10년이 지나기 전에 폐기될 수 있어요. AI의 구성 요소가 무엇인지, AI가 장차 갖게 될 능력이 무엇인지에 관해서는 전문가들도 의견이 아주 달라요. 사실 AGI를 정말로 실현할 수 있는가는 전문가들 사이에서도 매우 뜨거운 논쟁거리 가운데 하나랍니다!

지금까지 이야기한 모든 내용을 종합하면, AI라는 개념을 끊임없이 수정하고, 토론하고, 탐색하고, 개선하고 있다는 건 말할 필요도 없을 거예요. 그렇다고 겁먹을 필요는 없어요. 그보다는 초대를 받았다고 생각하는 게 좋아요. AI의 모습과 AI가 향하는 곳을 결정하는 건 결국 사람이니까요. 그 말은 당신도 AI 기술에 영향을 미칠 수 있다는 뜻이에요. 그러니까 당신도 나처럼 AI 기술에 커다란 흥미를 느끼면 좋겠어요.

AI에 관해 사람들이 가장 많이 하는 오해는 무엇일까요?

AI 분야를 처음 연구하기 시작했을 때 매우 혼란스러웠던 것 가운데 하나가 AI와 로봇의 차이점이었어요. AI와 로봇은 분명히 밀접한 관계가 있지만, 그렇다고 같은 건 아니거든요. 현재 알려진 것처럼 AI는 소프트웨어를 다루지만, 로봇공학은 하드웨어를 다뤄요. 그러니까 뇌와 몸의 관계를 생각하면 될 것 같아요. 몸이 움직이려면 뇌의 지시를 받아야 해요. 하지만 뇌가 판단하려면 몸에 의존해 주변 환경을 경험하고 느끼면서 세상에 대해서 배워야 하죠.

AI가 언제나 로봇이라는 몸을 입고 있는 건 아니에요. AI는 보통 당신이 자주 가는 웹사이트나 자주 사용하는 앱 속에 알고리즘의 형태로 숨어 있어요. 그와 마찬가지로 로봇이라고 해서 언제나 AI를 활용하는 것도 아니에요. 로봇은 일련의 규칙을 따르는 소프트웨어에 데이터를 직접 입력하는 방식으로 작동해요. 이러한 로봇은 새로운 내용을 학습하거나 예상치 못한 환경에 적응할 수 없어요. 보통 제조 공장 같은 고정된 환경에서 정해진 과제만을 수행하죠.

인공지능과 로봇이 결합하면 흥미로운 일이 일어날 거예요. 효율성만 높아지는 것이 아니라 기술에 새로운 지평이 열릴 거예요. 예를 들어 자율 주행 자동차 같은 게 상용화될 수 있는 거죠.

우리가 사용하는 가장 인기 있는 제품은 대부분 이윤을 추구하는 기술 회사에서 개발되고 구현돼요. 소셜미디어와 스트리밍 플랫폼이 중독성이 강한 것은 바로 그 때문이랍니다. 기계학습 알고리즘은 우리가 그런 플랫폼에 조금 더 오래 머물게 해요. 광고가 악탈적으로 변하는 것도 그 때문이에요. 알고리즘은 우리의 취약점을 공략해 우리가 써야 하는 것보다 더 많은 돈을 쓰게 하죠. 알고리즘이 한 개인에 대해 더욱더 많은 걸 학습할수록 사적인 정보는 심각하게 걱정해야 할 정도로 영향을 받게 돼요.

그렇기 때문에 가끔씩 알고리즘이 자신의 삶에 미치는 영향력을 진지하게 생각해보는 시간을 갖는 게 필요해요. 알고리즘으로 바꾸었으면 하는 자기 삶의 모습은 무엇인가요? 바꾸지 않았으면 하는 모습은요? 결국 알고리즘과 상호작용하는 방법을 통제하는 것은 우리예요. 선택하지 않는다는 선택을 할 수도 있는 거예요. 예를 들어 페이스북에서는 사진에 자동으로 태그가 되지 않도록 설정할 수 있어요. 알고리즘이 다른 선택을 하도록 방향을 돌리는 방법도 있어요. 유튜브에 비슷한 동영상만 계속 올라온다면 일부러 완전히 다른 동영상을 시청함으로써 알고리즘이 당신이 원하는 것을 다시 학습하게 할 수도 있어요.

독자들에게 딱 한 가지만 조언한다면, 무슨 말을 해주고 싶으세요?

알고리즘에게는 명령을 내려야지, 명령을 받으면 안 돼요! 이 책을 읽고 있다는 건 이미 한발 내디뎠다는 뜻이에요.

캐런이 설명한 것처럼 AI는 눈앞에 나타난 것보다 훨씬 오래 전부터 세상에 존재했다. 다음 장에서는 AI의 역사를 조금 더 자세히 살펴볼 것이다. 어쩌면 당신의 예상과는 사뭇 다른 이야기가 펼쳐질 수도 있다.

2장

간략하고 완전한 AI 역사

AI 개발에 공헌한 여성들

AI의 여러 매혹적인 측면 가운데 하나는 우리 눈에 AI가 상당히 미래 지향적으로 보인다고 해도 그 뿌리는 전통적인 사고방식에 있다는 점이다. 우리 인간은 일을 쉽게 하는 것을 좋아하기 때문에 오래전부터 일의 효율을 높이는 기계를 성공적으로 만들어왔다. 이런 기질이 멋진 수학과 결합했으니, 우리 눈에 AI가 한동안 아주 근사한 가능성으로 보인 것은 조금도 놀랄 일이 아니다.

잘 알고 있듯이 인공지능을 구현한다는 아이디어는 70여 년 전, 언젠가 컴퓨터가 '사람처럼 생각하는' 날이 올 수도 있다는 깨달음과 함께 시작됐다. AI 개발의 역사는 상당 부분 초기 컴퓨터에서 유래했기 때문에, 이 모든 것이 시작된 지점부터 살펴보도록 하자.

이제 곧 알게 되겠지만, 여러 학문이 초기 AI에 영향을 미쳤다. 수학, 공학이야 말할 것도 없고, 그 밖에도 생물학, 게임이론, 심리학, 철학도 상당히 중요한 역할을 했다. AI는 단순히 컴퓨터 과학자들만이 활동하는 영역이 아니다. AI는 예전에도 그랬고 앞으로도 그럴 테지만, 사람이 된다는 것이 어떤 의미인지, 우리가 인생을 어떻게 살아가고 있는지를 탐구하는 영역으로 존재할 것이다.

여러 학문에 걸쳐 있는 AI 분야의 본질상 AI의 역사를 다루는 방법은 여러 가지일 수밖에 없다. 이 장은 그중 하나를 택한 것이다. 모든 방법을 택할 수는 없다. 나는 AI의 역사에서 가장 중요한 몇몇 순간과 AI 발전에 공헌했지만 오랫동안 주목받지 못했던 여성들에게 초점을 맞추어 AI의 역사를 기술해나갈 것이다. 여성들이 오랫동안 과학계에서 번역을 하고 정보를 전달하는 역할을 맡은 것은 과학을 주도적으로 이끄는 위치에서는 어떤 식으로든 배제되었기 때문이기도 하다. 나는 AI 발전에 공헌한 여성들을 널리 찾아보았고, 많은 여성이 그저 문서보관소에 들어가지 못했을 뿐임을 알았다. 내가 이 장의 제목을 '간략하고 완전한 AI 역사'라고 지은 것은 대부분 나에게 영감을 준 그런 여성들을 선택해 역사를 기술했기 때문이다. 아주 복잡한 역사를 서술하는 방법 가운데 하나를 택한 것이다. 케임브리지대학교의 과학사가 퍼트리샤 파라Patricia Fara는 우리가 나눈 대화에서 그 같은 사실을 "여성의 기여와 공로를 인정해주어야만 과학사의 지평이 넓어질 것"이라는 말로 완벽하게 요약해주었다.

이 장은 시간의 흐름대로 써나갔지만, 우리가 기억해야 하는 것은, 혁신에 관한 모든 역사가 그렇듯이 AI의 역사도 결코 단순하지 않다는 것이다. 특히 컴퓨터의 역사는 흔히 남성 천재들이 한 명씩 나타나 혁신을 이룬 것처럼 기술하지만, 그런 역사는 존재하지 않는다. 그런데도 컴퓨터의 역사는 여성 천재들이 없었던 것처럼, 특히 유색인종인 여성 천재들이 없었던 것처럼 서사에서 여성을 배제해버릴 때가 많다. 그런 식으로 역사를 서술하는 가장 큰 이유는 전통적으로 역사를 서술하는 사람들이 권력을 가진 사람, 다시 말해 백인 남성이라는 데 있다. 생각하고 행동하는 방식을 뒤흔드는 새로운 발상이나 발명품은 개인이 영감을 받은 데서 비롯된다고 해도, 개인 혼자가 아니라 많은 사람이 참여해 조직을 구성하고 서로 이끌어주며 추진했기 때문에 나오는 것이다. 아무쪼록 여러분은 이 책을 읽는 동안, 우리를 지금의 위치로 데려온 것은 개별적인 사람들이 아니라 사람들의 네트워크라는 사실을 기억하면 좋겠다.

서기전 205년 안티키테라 기계*

1930년 앨런 튜링이 '생각하는 컴퓨터'에 관해 고심했다.
1939년 2차 세계대전이 발발하자 전시 활동을 도울 컴퓨터 프로젝트에 막대한 자금이 투입됐다.

1950년 튜링이 튜링 테스트를 간단하게 설명한 논문을 출간했다.
과학소설이 인기를 끌었고, 아이작 아시모프의 『아이, 로봇』이 출간됐다.
1956년 존 매카시, 마빈 민스키 등 과학자들이 지능형 컴퓨터를 언급하면서 '인공지능'이라는 용어를 처음으로 사용했다

1961년 민스키가 「인공지능을 향한 발걸음Steps Toward Artificial Intelligence」이라는 논문을 발표했다.
GM이 업계 최초로 생산 설비에 로봇(유니메이트)을 투입했다.
1969년 지금은 인터넷이라고 부르는 아르파넷을 최초로 가동했다.

1970년 일본 과학자들이 휴머노이드 로봇 와봇을 개발했다.

1973~1980년 첫 번째 AI 겨울

1980년 전문가 시스템이 개발되면서 첫 번째 AI 겨울이 끝났다.
1982년 힌턴, 러멜하트, 윌리엄스가 딥러닝 연구를 시작했다.
1987년 미국 국방고등연구기획국(DARPA)이 AI 개발 예산 지원을 종결했다.

1988~1993년 두 번째 AI 겨울

1989년 딥소트가 체스 세계 챔피언 가리 카스파로프를 이겼다.

1991년 팀 버너스리 연구팀이 월드 와이드 웹(WWW)을 개발했다.
1997년 딥블루가 체스 세계 챔피언 가리 카스파로프를 이겼다.

2002년 로봇 청소기 룸바가 출시되었다.
2004년 자율 주행차 개발을 목표로 DARPA 그랜드 챌린지를 시작했다.
2005년 인터넷 활동을 추적해 추천하는 기술이 개발되면서 AI를 마케팅에 도입했다.
2008년 구글이 최초로 음성 인식 소프트웨어를 장비에 장착했다.

2010년 텔레비전 퀴즈 프로그램 「제퍼디!」에서 IBM의 왓슨이 사람 경쟁자들을 이겼다.
2011년 시리가 출시되었다.
2012년 힌턴이 딥러닝으로 돌파구를 마련했다.
2014년 튜링 테스트를 통과한 첫 번째 기계인 알렉사가 출시되었다.
2016년 딥마인드의 알파고가 이세돌 9단을 이겼다.
2018년 알리바바가 시스템 AI를 구축했다고 주장했다. 오픈AI GPT-2는 남용될 위험이 있어 출시하지 않았다.
2019년 딥마인드의 알파스타가 거의 모든 '사람 스타크래프트 2 플레이어'를 이겼다.

* 태양과 달의 움직임을 예측하는 데 사용한 고대 그리스의 컴퓨터.

1836년	에이다 러브레이스가 찰스 배비지와 함께 해석 기관을 고안했다.
1930년	클라라 폰 노이만과 존 폰 노이만이 튜링과 함께 연구하기 시작했다.
1940년	조앤 클라크와 튜링이 블레츨리파크에서 다른 암호학자들과 함께 독일의 에니그마 암호를 해독했다.
1943년	클라라 폰 노이만이 진 바틱, 베티 홀버튼, 캐슬린 안토넬리, 마릴린 멜처, 루스 타이텔바움, 프랜시스 스펜스에게 세계 최초로 발명된 전자식 진공관 컴퓨터 에니악의 사용법을 가르쳤다.
1952년	그레이스 호퍼가 존 폰 노이만과 함께 마크 1 컴퓨터를 이용해 첫 번째 컴파일러를 개발했다.
1958년	필리스 폭스와 존 매카시가 리스프를 개발했다.
1961년	도러시 본이 자신이 이끄는 NASA 연구팀과 함께 포트란을 익혔다.
1965년	조지아 서덜랜드가 (리스프로 진행한) 덴드럴 프로젝트의 주요 저자로 활약했다.
1967년	호퍼가 올해의 컴퓨터과학인상을 받았다.
1972년	NASA 전산원을 이끌던 도러시 본이 은퇴했다. 캐런 스파크 존스가 자연어 처리 과정에 혁신을 불러온 역문서빈도에 관한 논문을 발표했다.
1975년	엘리자베스 제이크 파인러가 아르파넷에 사용할 도메인 이름을 정의했다.
1980년대	래디아 펄먼이 인터넷 트래픽의 기준을 마련한 스패닝 트리 프로토콜을 개발했다.
1989년	웬디 홀이 마이크로코즘을 연구하기 시작했다.
1990년대	레슬리 캘블링이 강화학습 개념을 연구하기 시작했다.
1997년	캘블링이 강화학습 연구로 인공지능국제회의(IJCAI)상을 받았다.
2000년	신시아 브리질이 감정을 느끼는 로봇 키스멧을 개발했다.
2007년	페이페이 리가 이미지넷을 개발하면서 컴퓨터 시각과 이미지 분석 분야에 새 막이 올랐다.
2017년	캐시 오닐이 『대량살상 수학무기』를 출간했다. 리가 비영리단체 AI4All을 설립했다. 데임 웬디 홀과 제롬 페센티가 영국 정부 AI 리뷰를 발표했다. 케이트 크로퍼드와 메러디스 휘태커가 AI나우연구소를 설립했다.
2018년	조이 부올람위니와 팀닛 게브루 덕분에 사람들이 AI에 나타나는 인종 편향에 관심을 갖게 됐다.

20세기 이전의 AI

안티키테라 기계(서기전 205)

복잡한 기능을 수행하는 기계의 역사는 우리가 생각하는 것보다 훨씬 오래됐다. 에게해 깊은 바닥에서 건져 올린 안티키테라 기계Antikythera mechanism는 세계 최초의 컴퓨터라는 평가를 받고 있다. 30개 정도 되는 톱니바퀴와 셀 수 없이 많은 천문학 관련 글이 새겨진 이 기이한 물건은 유럽에서 기계식 시계가 등장한 시기보다 1200년이나 앞선 서기전 205년에 제작됐다. 세계 전문가들은 안티키테라 기계가 태양과 달의 위치를 파악하는 데 필요한 아주 난해한 수학을 처리하기 위한 복잡한 기계공학 장치의 부품이었다는 결론을 내렸다. 이 장치로 달과 태양의 움직임을 관찰했을 뿐 아니라 태양의 주기를 예측했다는 점은 천문학 애호가들을 열광시켰는데, 이는 인공지능의 오랜 역사 중 일부라는 점도 말해두는 게 좋겠다. 전문가들은 지금도 이 장치의 정확한 목적을 알지 못한다. 교육 도구였을 수도 있고, 항해 장비였을 수도 있다. 하지만 나는 여성의 생리 주기를 예측하는 앱 클루Clue의 고대 버전이라고 생각하는 게 좋다. 안타깝게도 그럴 가능성은 거의 없지만 말이다. 이 책을 읽는 동안 알게 되겠지만 가부장이 지배하는 사회에서 여성의 필요 때문에 기술을 개발한 경우는 거의 없다.

해석 기관과 에이다 러브레이스(1815~1852)

1830년대 러브레이스 백작 부인인 에이다 바이런과 찰스 배비지Charles Babbage가 협력했던 때 컴퓨터 과학이 실질적으로 탄생했다고 할 수 있을 것이다.

어렸을 때 에이다 러브레이스Ada Lovelace는 아버지인 바이런 경의 시적 능력(과 기질)을 딸이 물려받기를 원하지 않았던 어머니에게서 수학을 배웠다. 배비지는 스스로 해석 기관Analytical Engine이라고 불렀던, 수학 함수를 계산할 수 있는 초기 컴퓨터를 설계했다. 두 사람이 처음 만났을 때 배비지는 러브레이스에게 훗날 이탈리아 총리가 된 사람의 논문을 영어로 번역해달라고 부탁했는데, 그 논문은 배비지의 해석 기관을 다룬 논문이었다. 러브레이스는 논문에 엄청난 양의 주석을 달았고, 배비지를 애먹이던 베르누이 수열을 해석 기관으로 계산할 수 있는 알고리즘도 제시했다. 이 알고리즘이야말로 최초의 컴퓨터 코드라고 해도 과언이 아니다. 컴퓨터 시대가 열리려면 아직 100년이 더 남아 있었지만, 러브레이스는 명령어대로 기계를 작동하게 하는 프로그래밍을 상상했다. 그저 계산만 하는 기계를 상상한 것이 아니었다. 러브레이스의 기계는 창조도 할 수 있었다. 러브레이스는 자카드식 문직기가 꽃과 잎사귀를 수놓는 것처럼 '대수 패턴을 수놓는' 기계를 상상했다.

러브레이스가 구상한 컴퓨터는 결국 만들어지지 않았지만, 누구나 인정할 수밖에 없는, 수학과 역학에 대한 이해와 응용력,

상상력으로 러브레이스는 최초의 프로그래머로 불리게 되었으며, '수를 다룬 고혹적인 마법사'라는 별명도 얻었다. 러브레이스의 상상력은 오늘날 전 세계의 연구자와 학자, 기업가 들이 경계를 넓혀 새로운 인공지능 기계를 개발하는 데 발휘하는 것과 정확히 같은 상상력이다. 이런 상상력을 촉발한 사람이 러브레이스라는 사실이 나는 정말 좋다. 그는 자기 시대를 훨씬 앞서간 여성이었다.

20세기 초반의 AI

앨런 튜링(1912~1954)과 조앤 클라크(1917~1996)

영국의 수학자이자 컴퓨터 과학자인 앨런 튜링Alan Turing은 현재 이론 컴퓨터 과학과 인공지능의 아버지로 인정받고 있다. 튜링은 케임브리지대학교에서 수학을 공부하면서 인공지능을 장착한 컴퓨터를 처음으로 고민하기 시작했다. 1930년대에 튜링은 미국으로 건너가 자신과 마찬가지로 컴퓨터가 지능을 가질 수 있다는 생각에 매혹돼 있던 존 폰 노이만John von Neumann과 클라라 폰 노이만Klara von Neumann 부부와 함께 연구했다(폰 노이만 부부의 이야기는 곧 다시 나오니까 반드시 기억하고 있자). 2차 세계대전이 발발하기 직전 자신이 배운 모든 지식으로 무장한 채 영국으로 돌아온 튜링은 영국 정부암호연구소에서 근무하게 된다. 2014년에 개봉한 영화 「이미테이션 게임The Imitation Game」을 본 사람이라면 앨런 튜링이라는 이름을 기억할 것이다. 이 영화는 2차 세계대전 당시 튜링이 상업·외교·군사적 목적으로 통신에 이용했던 독일의 에니그마 암호를 해독해 연합군이 나치를 물리치는 데 기여한 과정을 그렸다. 하지만 당연히 튜링은 혼자서 암호를 해독해내지 않았다. 조앤 클라크Joan Clarke는 블레츨리파크에 있던 정부암호연구소 산하 허트 8Hut 8에서 사무를 보다가 부서의 부책임자로 승진한 인물로, 그곳에서 가장 오래 근무한 사람이었다. 당시 공무원 조직에는 수석 암호학자의 지위에 오른 여성을 어떻게 대우해야 하는지 관례가 없었기 때문에 정부암호연구소는 클라크를 승진시키고 월급을 올려주기 위해 그녀의 직함을 '언어학자'로 바꾸어야 했다. 클라크가 실시간으로 암호를 해독해준 덕분에 영국 해군은 거의 즉각적으로 군사 활동을 펼칠 수 있었다. 블레츨리파크에서 수행한 작전은 기밀로 남아 있어, 클라크가 세운 업적도 많은 부분 알려지지 않았다.

현재 우리가 알고 있는 것은 블레츨리파크에서 암호를 해독하려고 투입된 사람은 1만 명에 달하며, 그 가운데 75퍼센트 정도가 여성이라는 사실이다. 그 여성들 가운데 남자 동료들과 동등한 암호 분석가로 공식 인정을 받은 사람은 극소수에 지나지 않는다. 다행히 최근에는 메이비스 리버Mavis Lever, 마거릿 록Margaret Rock, 루스 브릭스Ruth Briggs가 자기 이름을 찾았다. 세라 베링Sarah Baring은 브레츨리파크의 허트 4에서 언어학자로서의 의무를 다하면서도 『보그*Vogue*』와 작업을 했는데, 그와 친구가 되었을 수도 있다고 생각하니 기분이 좋다.

브레츨리파크 폐쇄 반대 운동을 펼친 수 블랙Sue Black 교수는 다음과 같이 말했다. "전시의 가장 중요한 전환기에, 영국에서 매우 용감하고 통찰력 깊은 일부 시민의 생명선은 블레츨리파크의 혈관 속에서 고동쳤다. 그들은 이곳에서 수천 명에 달하는 남자와 여자가 국가를 구하기 위해 노력했고, 컴퓨터와 기술 분야에서 이룩한 업적으로 미래 세대에 영감을 주었다." 블레츨리파크의 여러 부서를 둘러보면서 여성의 입장을 떠올려볼 수 있다는 건 정말 근사한 일이다.

에니악|존과 클라라 폰 노이만(1903~1957/1911~1963), 진 바틱(1924~2011)

블레츨리파크에서 영국인들이 암호를 풀기 위해 노력하고 있는 동안 미국에서는 존과 클라라 폰 노이만 부부가 전시 상황에 도움이 될 초기 컴퓨터를 개발하려고 갖은 애를 쓰고 있었다. 클라라는 수학에 관해 아는 것이라고는 고등학교에서 배운 내용이 전부였지만 전시에 프린스턴대학교 인구조사연구소에서 일자리를 얻을 수 있었다. 배우자가 맨해튼 프로젝트(2차 세계대전 때 진행한 원자폭탄 개발 연구)에 참여하고 있는 동안, 클라라는 전쟁이 끝날 때까지 프린스턴대학교 컴퓨터 통계학과 연구팀을 이끌었다. 전쟁이 끝난 뒤에는 에니악(ENIAC)을 비롯한 초기 컴퓨터에 적용할 프로그램을 만들고, 프로그램 사용법을 다른 사람들에게 가르쳤다.

그 무렵 미국에서는 전쟁 수행 능력을 향상하려고 애쓰던 존 모클리John Mauchly와 J. 프레스퍼 에커트J. Presper Eckert가 세계 최초로 디지털 컴퓨터인 에니악을 개발하고 있었다. 하지만 이 혁신적인 기계에 전력을 공급하고 프로그램을 짠 사람들은 여성이었다. 에니악은, 전자 메모리 장치에 프로그램의 명령어를 저장하는 현대 컴퓨터와는 전혀 다른 방식으로 작동했다. 수천 개의 전선이 연결된 거대한 배선판을 달고 있는 기계로, 사람이 직접 꽂거나 빼야 했다. 당연히 엄청난 노동력이 필요했다.

에니악은 포탄의 탄도를 계산하기 위해 만든 장치였는데, 이 거대한 기계가 작동할 수 있었던 것은 초기 프로그래머인 진 바틱, 베티 홀버튼, 캐슬린 안토넬리, 마릴린 멜처, 루스 타이텔바움, 프랜시스 스펜스의 노력과 결단력 덕분이었다. 더구나 이들은 길이가 40미터가 넘는 괴물 기계를 작동하는 방법을 '독학'으로 익혀야 했다. 공학자들은 이 여성들을 위해 프로그램 안내서를 만들어줄 시간도, 컴퓨터 사용법을 가르쳐줄 시간도 없었기 때문이다. 여성 프로그래머들은 에니악의 논리·전자 블록 다이어그램을 보고 프로그램을 기록했고, 자신들이 직접 에니악을 연결하는 수백 개의 전선과 수천 개의 스위치가 배치된 위치를 살펴 순서도와 프로그래밍 표를 만들었다. 그 일을 해낼 수 있었던 것은 당연히 그 여성들이 가지고 있던 수학적 재능 덕분이었겠지만, 나는 그들이 그만큼 훌륭하게 그 일을 잘 해낼 수 있었던 것은 투지라는 또 다른 능력이 있었기 때문이라고 생각한다.

진 바틱Jean Bartik은 에니악을 프로그램을 짜기에는 너무나도 난감한 '개자식'이라고도 했지만, 어쨌거나 이 여성들은 자신의 일에 헌신했다. 1946년 밸런타인데이에는 그다음 날에 있을 대규모 기자 회견을 앞두고 베티 홀버튼Betty Holberton과 함께 늦게까지 남아 프로그램을 짰다. 그날 저녁을 떠올리면서 바틱은 "사람들은 대부분 밸런타인데이를 낭만적인 날이라고 생각하지만, 우리는 단 한순간도 낭만적인 저녁 식사를 꿈꾸지 않았다. 우리 머릿속을 가득 채웠던 것은 다음 날 전 세계에 보여주어야 할 아주 중요한 시연 내용뿐이었다"라고 썼다. 에니악의 기능을 선보이는 날은 밝았지만, 그 누구도 에니악을 작동하게 한 여성들의 이야기를 하지 않았다. 연구소는 에니악의 하드웨어를 만든 사람들, 즉 모두 남성인 연구원들만을 기자들 앞에 세웠다. 그날 행사를 찍은 사진 속에서 여성들은 그저 배경일 뿐이다. 에니악이라는 거물 기계를 발표한 뒤 연구소는 초대 손님들과 함께 축하연을 벌였지만, 에니악을 위해 애쓴 여성들은 모두 집으로 돌아갔다. 에니악에 헌신한 여성들의 이야기가 재발견된 것은 하버드대학교 학부생이자 프로그래머였던 캐시 클라이먼Kathy Kleiman이 롤모델이 되어줄 여자들의 이야기를 발굴하던 1985년이 되어서였다. 70대가 되어서야 초창기 컴퓨터 프로그래머였다는 사실을 인정받게 된 것이다. 우리는 지금도 이 여성들의 기여 덕분에 개발된 기술의 혜택을 누리고 있다. 예를 들어 클라라 폰 노이만은 자신이 익힌 에니악 기술을 적용해 일기예보 기술에 커다란 돌파구를 마련했다.

튜링 테스트

전시에 개발한 컴퓨터는 처음 상상했던 것보다 훨씬 강력한 기계가 될 수 있음을 입증해 보였다. 디지털 시대가 밝아오던 1950년에 학술지 『마인드*Mind*』는 앨런 튜링의 논문 「계산 기계와 지능Computing Machinery and Intelligence」을 실었다. 논문에서 튜링은 '기계도 생각을 할 수 있을까?'라는 질문을 한다. 그는 '기계'와 '생각'이라는 용어를 정의하려고 하지 않고, 그 대신에 빅토리아 시대 가정에서 즐겨 하던 '모방 게임'이라는 놀이에서 차용한 방법을 대략적으로 기술했다. 나중에 튜링 테스트Turing test라고 알려진 이 방법은 어떻게 해야 우리가 기계와 인간을 구분할 수 없는지를 알려준다.

튜링 테스트에는 세 요소가 필요하다. 질문할 사람, 질문에 답할 컴퓨터, 질문에 답할 사람. 키보드와 모니터를 이용해 질문자는 사람과 컴퓨터 모두에게 어느 쪽이 컴퓨터인지를 확인할 수 있는 다양한 질문을 한다. 만약 질문자가 어느 쪽이 컴퓨터인지를 알아맞히지 못한다면 그 컴퓨터는 사람과 다름없는 지능을 갖춘 존재로 인정받고, 테스트를 통과한 것이다.

나는 튜링 테스트가 실제로 기계에 지능이 있는지 없는지를 평가하는 방법이 아니라, 그런 기계의 성능을 기꺼이 지능으로 '받아들일 것인가'의 문제라는 믿음에 동의한다. 영국 국립물리학연구소에 제출한 보고서 「지능을 가진 기계Intelligent machinery」에서 튜링 자신이 직접 언급했듯이 "지능이라는 개념 자체는 수학보다는 감정과 관련이 있다. 고려하는 대상의 속성만큼이나 우리 마음의 상태와 우리가 받은 훈련이, 우리가 어떤 대상이 지능을 가진 존재처럼 행동한다고 간주하는 정도를 결정한다". 튜링의 논문은 기계의 지능에 관한 질문이 기계의 감정과 영혼에 관한 질문으로 눈덩이처럼 커지면서 여러 분야에 엄청난 영향을 미쳤고, 철학·공학·사회학·심리학·종교 분야에서도 새로운 내용들을 탐구하게 되었다.

7장에서는 현대의 AI 제품들이 어떻게 해서 튜링이 예측한 것처럼 우리로 하여금 그 제품들이 진짜 사람인 것처럼 생각하게 하는지를 살펴볼 것이다. 또한 우리는 사람과 AI 제품의 차이를 감지하는 데 필요한 능력을 기르는 방법에 대해서도 몇 가지 조언을 발견할 것이다.

그레이스 호퍼(1906~1992)

튜링이 논문을 발표하고 있는 동안 미국에서는 존 폰 노이만이 마크 1MARK 1 같은 더 복잡한 컴퓨터를 개발하고 있었는데, 그 프로젝트를 맡은 초기 프로그래머 가운데 한 명이 그레이스 호퍼 Grace Hopper였다. 2차 세계대전 때 해군 예비역으로 참전했고 숫자에 능한 수학 박사 호퍼는 혁신적인 프로그래머가 되었다.

그때까지 컴퓨터 명령어로 사용했던 복잡한 숫자와 기호 외에도 영어를 컴퓨터 프로그램 언어에 포함하자는 아이디어를 낸 사람이 호퍼였다. 의견을 냈을 때, 처음에는 대부분이 남자인 동료들은 불가능한 일이라고 생각하며 비웃었다. 하지만 좀더 쉬운 프로그래밍 언어를 만들고 싶었던 호퍼는 주장을 굽히지 않았다. 그녀는 이렇게 말했다고 한다. "좋은 생각이라면, 추진하고 해내야 한다. 승인을 받는 것보다 사과를 하는 게 훨씬 쉽다." 대다수 사람들이 그런 상황에서 여성은 뒤로 물러나는 것이 옳다고 생각하던 시절에 그렇게 당당한 태도를 보였던 호퍼를 존경하지 않을 수 없다. 1952년에 호퍼는 성공적으로 자신의 첫 번째 **컴파일러** compiler(사람의 언어와 컴퓨터 언어를 번역해주는 방식)인 A-O를 발표했다. 컴파일러에 관한 발상은 지금도 코딩 언어를 만들 때 많이 적용된다. 수와 문자로 이루어진 프로그래밍 언어를 컴퓨터가 이해할 수 있는 형태로 바꾸어주는 것이다. 1959년에 마침내 호퍼는 초창기 코딩 언어를 개발하는 대열에 들어서 작업을 이끌었다. 코볼(COBOL)을 만든 것이다.

나는 AI의 발전에 그레이스 호퍼가 엄청나게 중요한 역할을 했다고 생각하는데, 컴퓨터 언어로 변환해주는 번역기를 효과적으로 이용함으로써 프로그램 언어를 아는 소수의 남성만이 할 수 있던 프로그래밍에 사람들이 '훨씬' 쉽게 접근할 수 있게 해주었기 때문이다. 호퍼는 남자 프로그래머들이 평범한 사람들과 컴퓨터를 연결해주는 문지기 역할을 하면서 스스로 '고위 사제'처럼 군다고 생각했다. 이는 호퍼가 프로그램에 획기적인 돌파구를 마련하는 일이 남자 동료들에게는 인기가 없었음을 말해준다. 훗날 호퍼는 그 상황을 다음과 같은 말로 정리했다. "어떤 사람이 한 가지 기술을 발견해 그 기술을 익히려고 열심히 애쓰고 있는데 누군가 다가와 '그럴 필요 없어. 여기, 더 좋은 게 있잖아'라고 말하면 상당히 화가 나는 게 당연하다." 호퍼는 신념을 굽히지 않았다. 호퍼는 또한 포트란(FORTRAN) 같은 다른 프로그래밍 언어의 기준을 세우고 발전시킨 주요 공헌자 가운데 한 사람으로, 내가 숭배하는 영웅 도러시 본Dorothy Vaughn이 활약할 수 있는 초석을 마련해주었다(도러시 본에 관해서는 잠시 뒤에 더 자세히 소개할 것이다).

호퍼는 연산과 AI 기술 발전에 지대한 공헌을 했다. 1969년 데이터처리관리협회Data Processing Management Association는 호퍼에게 올해의 컴퓨터과학인상을 주었고, 그때부터 호퍼는 그동안 여성에게는 주어지지 않았던 많은 메달과 상을 받았다. 1967년에는 컴퓨터 분야에 종사하는 여성들의 이야기를 다룬, 『코스모폴리탄*Cosmopolitan*』 기사에도 실렸다. 그 시대 여성이 해내기 힘든 정말 대단한 업적을 이룬 것이다.

리스프 | 존 매카시(1927~2011)와 필리스 폭스(1923~)

"컴퓨터가 생각할 수 있을까?"라는 질문은 일찍이 튜링이 했지만, 인공지능이라는 용어는 튜링이 갑자기 세상을 떠나고 2년이 지난 1955년에 존 매카시John McCarthy라는 젊은 컴퓨터 과학자가 만들었다.

1년 뒤에 매카시는 AI를 논의하는 학회를 처음으로 개최하기 위해 사람들을 모았고, 그때부터 우리가 AI라고 생각하는 분야가 구체화하기 시작했다. 안타깝게도 AI 세상을 남자들이 압도적으로 차지하게 된 것도 바로 이때였다. 매카시의 AI학회는 전적으로 남자들이 조직했고, 남자들만이 참석했다(이 무렵 AI의 경기장에서 여성들이 파장을 일으키지 못하고 있었던 것은 아니었지만—당연히 큰 역할을 하고 있었다—업적을 인정받지 못하고 옆으로 비켜나 있어야 할 때가 너무나도 많았다).

1958년에 매카시는 컴퓨터 언어 리스프(LISP)를 발명했는데, 리스프 언어는 지금도 사용하고 있다. 하지만 리스프의 매뉴얼을 작성하고 최초의 인터프리터interpreter•를 실행한 사람이 필리스 폭스Phyllis Fox라는 여성임을 아는 사람은 많지 않다. 산업응용수학회(SIAM)와의 인터뷰에서 폭스는 겸손하게 말했다. "내가 아주 뛰어난 리스프 프로그래머여서가 아니라 사람들이 아무것도 기록하지 않았기 때문에 그렇게 된 거예요. 그곳 사람들은 뭐든지

• 고급언어로 작성된 코드를 한 단계씩 해석해 실행하는 방법.

적어두는 법이 없었어요. 특히 매카시는요. 매카시는 사람들이 코드를 기록하지 않는다며 크게 화를 냈지만, 자신도 기록하지 않았죠. 그래서 내가 충분히 리스프를 익혔을 때 기록을 했고, 그 사람들에게 질문을 하고 알게 된 내용도 함께 적어두었어요. 함께 일한 사람 중에는 짐 슬라겔Jim Slagel이라는 학생이 있었는데, 시각장애인이었어요. 어느 정도는, 짐은 내게 리스프를 배웠다고 할 수 있어요. 왜냐하면 내가 쓴 내용을 읽어주면, 짐이 리스프에 관해 나에게 말해주고, 그렇게 알게 된 내용을 내가 또 적어두었으니까요. 짐의 기억력은 정말로 놀라웠어요."

나도 일을 하는 동안 일이 진행되는 과정을 보존하려고, 남자들은 잘 하지 않는 기록을 하는 유일한 사람일 때가 많다. 필리스 폭스는 여성 프로그래머일 뿐 아니라 AI의 역사에서 번역과 보존, 기술의 전수가 얼마나 중요한지를 알려준, 영감의 원천이다.

1960년대와 1970년대

덴드럴과 조지아 서덜랜드

1960년대 중반에 AI를 이용해 문제를 해결하는 방법을 찾으려는 덴드럴Dendral 프로젝트가 시작됐다. 화학자와 연구소를 인공지능이 돕는 프로젝트였는데, 알려진 분자들의 정보를 저장하고 그것과 미지의 분자들 사이에 형태와 유사성을 비교해 해당 분자의 정체를 파악할 수 있도록 했다. 덴드럴은 수십 년 동안 작동하고 있으며, 덴드럴에 적용하는 소프트웨어와 이론은 1980년대에 등장한 전문가 시스템의 기초가 되었다(전문가 시스템은 나중에 더 자세하게 소개할 것이다).

덴드럴을 조사하다 보면 남성 네 명의 이름(에드워드 파이겐바움, 브루스 G. 뷰캐넌, 조슈아 레더버그, 칼 제라시)을 계속 접하게 된다. 하지만 출간된 자료에서 확인할 수 있듯이 리스프의 프로그램을 기록하고 많은 논문에서 실제로 주 저자로 활약한 사람은 조지아 서덜랜드Georgia L. Sutherland라는 여성이었다.

도러시 본(1910~2008)

그레이스 호퍼와 그녀가 설계하고 만든 프로그래밍 언어 포트란을 기억하는가? 포트란은 산업계와 사업계에서 사용하는 아주 중요한 컴퓨터 언어였을 뿐 아니라 미국항공우주국(NASA)이 소련과 벌인 우주 개발 경쟁에서도 엄청나게 중요한 역할을 했다.

책이나 영화로 「히든 피겨스」를 보았다면 아마도 도러시 본이라는 이름이 익숙할 것이다(「히든 피겨스」를 보지 않았다면, 꼭 보기를 추천한다). 본은 인종 분리법인 짐크로법이 실시되고 있을 때 NASA에서 근무했다. 그때 NASA는 여성들을 '컴퓨터'라는 이름으로 고용해 아주 복잡한 수학 문제를 계산하는 일을 시켰다. NASA에서 새로 시행하려는 기술을 지켜보던 본은 그 기술을 이용하면 컴퓨터 팀의 작업 속도가 빨라지고, 자기 부서 사람들이 한물간 일을 하는 노동자라는 인식에서 벗어날 수 있음을 깨닫고는 독학으로 포트란을 배우기로 마음먹었다. 일단 포트란 사용법을 익힌 뒤에는 컴퓨터 팀의 여성들에게도 모두 알려주고 익히게 했다. 본의 노력 덕분에 컴퓨터 팀의 여성들은 NASA에서 가장 중요한 부서에서 새롭게 자기 자리를 찾을 수 있는 기술을 갖추었다.

본은 여성들만 따로 모아 수학 계산을 시켰던 '웨스트 컴퓨터' 그룹에서 감독관으로 승진한 최초의 아프리카계 미국 여성이었다. 본은 1971년까지 NASA에서 근무하면서 전산 팀을 이끌었다.

도러시 본은 기계를 두려워하기보다는 기계가 가진 가능성을 수용하고, 확신을 가지고 앞으로 다가올 기술을 예측했기에 자신은 물론 자기 팀이 직장에서 밀려나지 않도록 대비하고 기계보다 앞서갈 수 있는 능력이 있음을 보여줄 수 있었다.

유니메이트

기술이 필요한 곳은 우주만이 아니다. 1961년 제너럴모터스(GM)는 반복적인 일을 자동으로 처리하는 산업용 로봇을 공장에 최초로 도입했다. 저장 메모리(초기 AI)를 실험실이나 연구 분야가 아닌 산업 분야에서 사용한다는 아이디어를 처음으로 실현한 것이다. 유니메이트Unimate를 시작으로 1960년대와 1970년대에는 다양한 로봇이 등장했는데, 그 가운데 가장 유명한 로봇은 사람을 닮은 첫 번째 휴머노이드(인간형 로봇)인 일본의 와봇Wabot 이다.

캐슬린 부스(1922~)와 캐런 스파크 존스(1935~2007)

1960년대 말부터 1970년대 초까지 AI 분야는 확실히 부흥기였고, 캐런 스파크 존스Karen Spärck Jones도 여기에 공헌했다. 존스는 당시 성장하고 있는 코딩 분야가 아니라 컴퓨터가 사람의 언어를 이해하도록 가르치는 일에 집중했다. 자연어 처리(NLP)라고 부르는 이런 학습은 컴퓨터의 지능을 논할 때 아주 중요하다. 비록 일찍이 1950년대에 캐슬린 부스Kathleen Booth라는 뛰어난 여성이 비슷한 개념을 고민하기는 했지만, 존스 이전에는 컴퓨터가 영어를 말하고 쓰게 한다는 아이디어는 거의 시도된 적이 없었다. 존스는 특정 단어가 문서 안에서 단어의 중요도를 계산하는 역문서 빈도inverse document frequency(IDF) 방법을 이용해 자연어 처리 기술을 획기적으로 발전시켰다. 1972년에 존스가 발표한 논문은 역문서 빈도 기술에 관한 초석을 다졌고, 현재 우리가 사용하는 거의 모든 검색 엔진의 기초가 되었다.

이 장에서 살펴본 많은 여성이 그렇듯이, 내가 존스를 존경하고 멋있다고 생각하는 것은 존스 역시 독학으로 프로그래머가 되었기 때문이다. 존스의 전공은 철학과 역사였다. 존스가 컴퓨터가 사람을 이해하도록 만드는 방식뿐 아니라 컴퓨터가 사회에 미치는 영향에도 관심을 가지고 컴퓨터 과학을 연구하게 된 것은 철학과 역사라는 두 학문을 깊이 공부했기 때문이라고 믿는다.

게다가 존스는 이런 말을 했다. "컴퓨팅은 남자들에게만 맡겨두기에는 너무 중요하다." 캐런 스파크 존스! 정말 당신에게 경의를 표해요!

첫 번째 AI 겨울

맞다. 지금까지 나는 굵직한 사건들을 중심으로 AI 발전의 역사를 소개했다. 이 책에서 소개한 내용을 읽는다면 AI는 수월하게 발전해온 것 같지만, 사실은 그렇지 않다. 인공지능을 진지하게 탐구하기 시작하면서 기대는 눈덩이처럼 커졌지만, 눈에 띄는 발전을 이루지 못했다. 1970년대 말 사람들은 의기소침했다. AI 연구가 더 진전되지 못한 데는 크게 두 가지 요인이 한계로 작용했다. 그중 하나가 RAM 메모리 용량이 부족해서 컴퓨터의 데이터 처리 속도가 현저하게 느렸다는 점이다. 이로 인해 기계를 훈련하는 데 필요한 데이터가 부족한 건 당연했다. 발전은 더디고 연구비는 고갈됐다. 결국 AI 겨울이라고 불리는 시기가 찾아왔다. 대략 1970년대 중반부터 1980년 말까지가 첫 번째 AI 겨울이었다.

1980년대

전문가 시스템

1980년대에 등장한 전문가 시스템은 어느 정도 이런 상황을 해결해보려는 시도였다. 전문가 시스템이란 의사결정 능력을 갖춘 컴퓨터 시스템을 말한다. 전문가 시스템은 미리 프로그램에 저장된 다량의 지식을 이용해 복잡한 문제를 해결한다. 진정한 의미에서 최초로 성공한 AI 소프트웨어라고 할 수 있는 전문가 시스템은 체스 게임 같은 한정된 분야의 과제를 처리하는 데 중점을 두었다.

전 세계적으로 치열하게 경쟁하는 기업들은 조지아 서덜랜드의 덴드럴 같은 전문가 시스템을 개발하고 산업에 재빠르게 도입했다. 이는 AI 연구의 주요 관심사가 다양한 전문 시스템에서 방대한 지식을 축적하는 것으로 바뀌었음을 의미한다. 얼마 지나지 않아 사람들은 AI의 상업적 가치를 깨달았고, 다시금 많은 돈을 AI 연구에 투자하기 시작했다.

딥러닝

1980년대에는 전문가 시스템과 더불어 또 다른 AI 기술이 개발됐다. 딥러닝은 일종의 기계학습으로 경험을 통해 배우는, 사람의 학습 방법을 모방한다. 딥러닝에 관한 좀더 기술적인 설명은 다음 장에서 할 것이다. 딥러닝의 핵심 아이디어 몇 가지는

1950년대 초반으로 거슬러 올라가 기계학습 개념(컴퓨터는 데이터 패턴을 인지해 결정을 내리는 법을 학습할 수 있다는 발상)에서 빌려왔지만, 딥러닝은 기계학습을 완전히 새로운 수준으로 끌어올렸다. 딥러닝을 최초로 개발한 사람은 수리물리학자인 데이비드 러멜하트David Rumelhart와 그의 박사학위 지도교수인 물리학자 존 홉필드John Hopfield였다. 나중에 제프리 힌턴Geoffrey Hinton이 합류하면서 세 사람은 신경망으로 이루어진 뇌 구조를 흉내 내는 방법을 이용해 기계를 훈련시킨다는 아이디어를 떠올렸다. 21세기인 지금까지도 상당수 AI에게 가장 좋은 학습 방법은 딥러닝이다.

딥소트

이 시기에는 많은 사람이 AI가 혼자서 작동하는 것이 아니라 사람과 상호작용할 수 있게 만드는 일에 관심을 가졌다. 이를 탐구하는 매우 일반적인 방법 가운데 하나가 게임을 하는 것이다. 공학자와 컴퓨터 과학자 들은 알고 싶었다. 컴퓨터가 사람과 게임을 할 만큼 충분히 전후 맥락을 이해할 수 있을까? 아주 유명한 체스 프로그램 딥소트Deep Thought도 이 의문을 풀기 위해 개발된 기술이다.

1988년에 딥소트는 체스 그랜드마스터(세계 상위권의 체스 선수들)를 이김으로써 AI 개발에 실질적인 전환점을 마련했다. 그로부터 10년 뒤 IBM은 체스 게임 프로그램 딥블루Deep Blue를 개발했고, 체스 챔피언 가리 카스파로프Garry Kasparov를 이겼다. 딥블루는 1초에 2억 개의 수를 검토할 수 있었다. 하지만 전략적으로 생각할 수도 있을까? 카스파로프는 딥블루 뒤에서 사람이 조종하고 있다고 생각했는데, 이로 미루어보면 그 답은 전적으로 '그렇다'이다. 그런데 카스파로프는 "여자는 태생적으로 탁월한 체스 선수가 될 수 없다. 뛰어난 전사가 아니기 때문이다"라는 말을 즐겨 했다. 자기 코를 납작하게 만든 기계를 발명하는 데 많은 여성이 공헌했다는 사실을 거의 몰랐으니 그런 말을 할 수 있었을 것이다.

1985년이 되자 AI 연구에 투입된 자금은 수십억에 달했다. 더욱 빠르고 새로운 컴퓨터에 대한 기대감으로 미국과 영국 정부는 다시 AI 연구에 투자하기 시작했다. 하지만 데스크톱 컴퓨터가 보급되면서 전문가 시스템은 유지비가 너무 많이 든다는 사실이 명백해졌다. 데스크톱 컴퓨터와 달리 전문가 시스템은 업데이트하기도 힘들었고, 여전히 쉽게 배울 수도 없었다. 1987년, 미국 국방고등연구기획국(DARPA)은 AI는 충분히 효과적으로 발전할 수 없다는 결론을 내리고 더 좋은 결과를 낼 수 있는 다른 프로젝트에 투자하기로 결정했다. 지난번보다는 훨씬 짧았지만, 두 번째 AI 겨울이 시작됐다.

레슬리 캘블링(1961~)과 신시아 브리질(1967~)

1980년대 말에서 1990년대까지 한때 기술계의 황금알이라 불렸던 AI의 위상은 무너져 내렸다. 하지만 그 시기에 두 여성은

AI를 크게 도약시킬 연구를 묵묵히 수행하고 있었다.

레슬리 캘블링Leslie Kaelbling은 1980년대와 1990년대에 AI 발전을 이끈 사람들 가운데 한 명으로 널리 인정받고 있다. 캘블링은 기계학습의 주요 세 영역 가운데 하나인 **강화학습**reinforcement learning을 연구했다(나머지 두 영역은 지도학습과 비지도학습으로, 3장에서 자세하게 다룬다). 강화학습은 딥러닝과는 다른 학습 방법이다. 기계학습은 데이터 세트를 통해 배우는 컴퓨터와 관계가 있지만, 강화학습은 시행착오를 통해 배운다. 캘블링은 강화학습으로 로봇 항법을 개선했다는 공로로 상을 받았고, AI 관련 저명한 여러 잡지의 편집을 맡았다.

신시아 브리질Cynthia Breazeal은 캘블링과는 다른 분야를 연구했다. 브리질은 기계가 사람처럼 감정을 느낄 수 있는지를 알고 싶어했다. 기계의 감정을 연구하는 분야를 **감성 컴퓨팅**이라고 하는데, 브리질은 키스멧Kismet이라는 로봇을 만들어 기계의 감정을 실험했다. 감정을 인식하고 불러일으킬 수 있도록 고안된 키스멧은 로봇이 사회적으로나 정서적으로 사람과 상호작용할 수 있음을 보여준 초기 로봇 가운데 하나다. 키스멧은 사람의 다양한 감정을 인지할 수 있으며, 사람이 너무 가까이 다가가면 불편해하기까지 했다. 브리질은 지보Jibo를 설립해 지금까지도 개인용 로봇을 개발하고 있다. 컴퓨터와 공학을 전공했지만, 미디어, 교육, 심리학에도 조예가 깊다.

어느덧, 온라인으로

여러분은 AI 이야기의 어느 시점에 인터넷이 처음 등장했는지가 궁금할지도 모르겠다. 인터넷의 역사는 그 자체로 한 권의 책을 쓸 수 있을 만큼 풍성한 이야기를 담고 있는데(9장에 나오는 클레어 L. 에반스의 『세상을 연결한 여성들』에 관한 내용 참고), 이제는 너무나도 복잡하게 얽혀 있어 인터넷과 AI의 연결 고리를 찾는 일은 쉽지 않다. 알고리즘을 구축하는 사람들이 문제를 풀고, 혁신하고, 협력하려고 다른 사람들과 접촉하는 일이 얼마나 잦은지를 생각해보면 그 이유를 이해할 수 있을 것이다. 그러나 인터넷이 어떤 식으로 빅데이터 집합에게 주도권을 넘겨주고 있는가를 살펴본다면 인터넷과 AI의 연결 고리를 어느 정도 파악할 수 있다.

가장 단순하게 표현하면 빅데이터는 그 규모가 너무 크고 복잡해서 컴퓨터를 사용해야만 경향이나 패턴을 파악할 수 있는 데이터 집합(세트)을 뜻하는 용어다. 페이스북이 당신의 친구만이 아니라 친구의 친구들까지도 당신과 연결해줄 수 있는 것은 빅데이터를 활용하기 때문이다. AI에 빅데이터가 중요한 이유는 학습할 수 있는 다량의 데이터가 필요하기 때문인데, 이런 데이터는 보통 웹을 통해 얻는다. 인터넷이 곧 빅데이터는 아니지만, 인터넷 덕분에 빅데이터는 도처에 존재할 수 있게 됐다. 웹브라우저를 사용할 때 사용자가 쿠키Cookie를 허용하면 사용자가 방문한 웹페이지에서 사용자의 정보를 수집할 수 있다. 한 사람의 자료는 그저 하나의 데이터점data point일 뿐이지만, 그곳을 방문한 모든 사람의 전체 데이터점 집합은 너무나도 크기 때문에 오직 컴퓨터를 이용해야만 처리할 수 있다.

이 모든 것의 시작점은 아르파넷(ARPANET)이라는 장치가 두 도구를 처음으로 연결해준 1969년으로 거슬러 올라간다. 아르파넷은 현재 우리가 인터넷이라고 알고 있는 것의 초기 조상쯤 된다.

좀더 자세하게 살펴보기 전에, 먼저 인터넷과 웹의 차이를 간단하게 짚고 넘어가야 할 것 같다. 일상에서 두 용어는 거의 구별하지 않고 사용되고 있지만, 기술적으로 보자면 인터넷은 글로벌 네트워크 집합이며, 웹은 인터넷이 저장하고 있는 정보에 접근하는 방법이다. 웹의 시작은 1991년으로 거슬러 올라가지만, 1980년대에도 이미 비슷한 기능을 하는 초기 시스템들이 존재했다.

제이크 파인러(1931~)와 래디아 펄먼(1951~)

1950년대부터 컴퓨터 과학자들은 컴퓨터가 서로 소통한다는 생각에 관심을 가졌다. 그 결과 LAN과 WAN이라는 통신망이 탄생했다. 여러분은 이 두 용어를 데스크톱 컴퓨터나 노트북을 와이파이에 연결할 때 보았을 것이다. 이 통신망들은 지표면 밑에서 뻗어나가면서 나무들끼리 물과 탄수화물 같은 영양소, 화학물질과 호르몬, 전기 신호를 주고받는 나무 뿌리라고 상상하면 좀더 이해하기 쉬울 것 같다. 컴퓨터 통신망도 같은 방법으로 소통하는데, 단지 주고받는 것이 디지털 정보라는 점만이 다르다. LAN은 같은 건물이나 가까운 지역에 있는 컴퓨터들이 서로 연결된 근거리 통신망이고, WAN은 아주 넓은 지역에서 수많은 LAN이 서로 연결된 원거리 통신망이다. 1980년대에는 두 통신망 모두 풀어야 할 문제가 많았지만, 놀라운 두 여성이 그 문제들을 해결해나가기 시작했다.

제이크Jake라는 별명으로 알려진 엘리자베스 파인러Elizabeth Feinler는 WAN의 아주 큰 문제를 해결했다. 가장 유명하며 성공한 초기 WAN은 아르파넷이다. 아르파넷은 대학교 몇 곳과 군사 LAN을 연결하는 것으로 시작했다. 하지만 초기 형태의 WAN은 검색에 아주 취약했다. 검색 엔진도 없었고, 필요한 사람이나 조직을 찾는 방법을 알아낼 수조차 없었으니 당연한 일이었을 것이다. 자신과 일하는 연구팀과 함께 제이크는 이 문제를 해결해 인터넷을 크게 발전시켰다. 인터넷 관련 용어를 결정하는 기구의 일원이 되어 .com, .us, .gov를 비롯해 여러 최상위 인터넷 도메인 이름을 고안하고 개발했다.

두 번째 여성은 '신장身長 트리* 프로토콜'이라고도 하는 스패닝 트리 프로토콜Spanning Tree Protocol(STP)을 고안한 래디아 펄먼

* 각 지점을 순환 구조 없이 연결하는 일종의 수학 그래프.

Radia Perlman이다. 스패닝 트리 프로토콜 덕분에 LAN상의 컴퓨터들이 복잡하게 연결된 통신망에서도 루핑looping•이 발생하지 않고 통신할 수 있게 되었다. 루핑이 발생하면 결국 컴퓨터 간 연결이 끊어진다. 스패닝 트리 프로토콜은 지금도 많은 네트워크의 토대를 형성하고 있다.

마거릿 보든(1936~)

마거릿 보든Margaret Boden은 서식스대학교 인지과학과 연구교수이자 AI, 심리학, 철학을 아우르며 활동하는 전문가다.

1972년에 자신의 첫 번째 AI 논문을 발표한 보든은 그 뒤로 컴퓨터 과학과 사람 마음의 교차점에 관한 연구를 주도하고 있다. 창조성을 찬미하는 일의 중요성을 강조하는 보든은 AI 분야에서는 학제 간 연구가 아주 중요하다고 말한다. 그녀는 이 분야의 개척자로서 본질적으로 AI와 상호작용하는 일에 관해, 그리고 AI 분야에 참여하는 일에 관해 어떤 식으로 생각해야 하는지를 알려준다. 보든은 또한 기계도 창의성을 가질 수 있다고 생각해 21세기의 예술에서 AI가 갖게 될 의미를 특히 중점적으로 연구하고 있다.

• 통신망에서 컴퓨터가 이중으로 연결되어 고리 구조를 형성해 데이터가 전송되지 못하고 통신망 내에서 도는 현상.

웬디 홀(1952~)

데임 작위를 받은 웬디 홀Wendy Hall은 웹 이전에 존재한 하이퍼미디어 시스템을 연구한 사람 가운데 한 명이다. 하이퍼미디어 시스템은 비선형적인 방법으로 텍스트나 이미지처럼 서로 다른 종류의 정보를 연결한다. 웬디는 사우샘프턴대학교에서 마이크로코즘Microcosm이라는 하이퍼미디어 시스템을 공동 연구하는 컴퓨터 과학자 팀을 이끌었다. 이 시스템에서 사용한 많은 원리를 오늘날 우리가 웹이라고 부르는 시스템에서 채택했다.

1987년에 웬디와 그녀의 동료 질리언 러브그로브Gillian Lovegrove는 컴퓨터 분야에 여성 종사자가 적은 이유를 분석하고 그 내용을 「그 소녀들은 모두 어디로 갔을까?Where have all the girls gone?」라는 논문으로 발표했다. 지금도 웬디는 멀티미디어와 하이퍼미디어 분야의 최전선에서 연구를 이끌고 있다. 컴퓨터 과학과 교수, 국제참여위원회 부회장, 사우샘프턴대학교 웹과학연구소 사무차장, 웹과학신탁기구 법인 소장 등 그녀가 맡고 있는 직책을 몇 가지만 꼽아도 이 정도다. 행정 실무를 책임지고 있는 웬디는 웹과 인터넷을 관리하는 데 책임감을 가지고 쉴 새 없이 노력하고 있다.

웹과 AI 기술이 점점 더 밀접하게 얽히면서 웬디는 자신의 전문 지식을 AI 연구에 접목했는데, 그 덕분에 우리는 만날 수 있었다. 처음 만났을 때 웬디는 영국 정부에 제출할 AI 검토서를 쓰고 있었다. 흥미로운 시기였고, 전체 공동체가 신나 있었다. 그때는 인공지능 기술을 보유한 사람들이 더 많이 연구 현장으로 들어와야 할 필요가 분명히 있었다. 이 목표를 이루기 위해 내가 조언을 구한 많은 남성과 여성 전문가는 이공계 학부생들을 설득해 대학원에서 AI를 연구할 수 있도록 해야 한다고 말했다. 처음에 이 제안을 들었을 때 나는 불편한 마음이 들었다. 나도 이공계 학사학위를 받지 않았으며, 전국적으로 이공계 학사학위를 받은 여성은 평균적으로 전체 이공계 학사학위를 받은 사람들 가운데 25퍼센트도 안 된다는 사실을 알고 있었다. 따라서 이공계 전공생만이 AI 관련 대학원에 진학할 수 있다면 AI 연구에 참여할 수 있는 여성의 수는 훨씬 줄어들 것이라는 걱정이 들었는데, 웬디도 내 걱정에 공감했다. 그녀 자신은 수학으로 학위를 받았고 컴퓨터 과학에 능통했지만, 사실 이전부터 전공 분야가 다른 사람들도 AI 연구에 참여할 수 있게 해야 한다는 주장을 앞장서서 해오고 있었다. 그때부터 웬디는 인공지능 분야 민관 합의AI Sector Deal와 인공지능청Office for AI에 참여하면서 이공계 대학을 졸업하지 않은 사람도 AI 대학원에 진학할 수 있게 하는 자금을 지원받았다. 덕분에 철학, 역사, 국어를 전공한 사람들도 AI 관련 대학원에 진학할 수 있게 되었고 AI 분야는 훨씬 풍요로워졌다. AI 대학원에 진학하는 방법은 8장에서 좀더 자세하게 다루었다.

웬디는 많은 유리천장을 부수어왔고, 다른 여성들이 자신과 함께할 수 있도록 끊임없이 싸우고 있다.

2000년대

페이페이 리(1976~)와 이미지넷

2006년에 이미지넷ImageNet을 설립하기 전까지, 페이페이 리Fei-Fei Li는 컴퓨터 과학과 신경과학이 교차하는 지점에서 활동했다. 이미지넷은 물체를 인식하려고 라벨을 붙인 이미지들로 이루어진 방대한 데이터베이스다. 리는 AI에게는 알고리즘과 공식 외에도 데이터베이스가 필요하다는 사실을 깨닫고 이미지넷을 만들었다. 이미지넷은 워드넷WordNet을 이끄는 사람 가운데 한 명인 크리스티아네 펠바움Christiane Fellbaum과 회의를 해서 만들었다. 워드넷은 라벨이 붙은 언어를 데이터베이스로 활용하는데, 이 기술은 현재 AI 연구에 없어서는 안 될 귀중한 기술로 인정받고 있다. 이미지넷은 훈련 알고리즘을 개조해 훨씬 더 뛰어난 성능을 발휘하게 함으로써 딥러닝 혁명(딥러닝이 AI의 표준으로 여겨지던 기간)을 이끌었고, 본질적으로 AI 게임의 판도를 바꾸었다.

내가 페이페이 리를 정말로 좋아하는 것은 AI를 좀더 접근하기 쉽고 다양하게 만드는 데 집중하면서도, AI의 영향력을 충분히 고민하기 때문이다. 2011년에 리는 여성, 유색인, 저소득층 고등학생을 위한 AI 프로그램을 운영하는 비영리단체 AI4ALL을 설립했다.

IBM 왓슨과 제퍼디 쇼

체스 시합을 하는 IBM의 딥블루를 기억하는가? 2010년 IBM은 퀴즈 프로그램인 「제퍼디!Jeopardy!」에 나가서 문제를 풀 수 있도록 훈련을 받는 AI 기계를 개발한다. 이 AI 기계는 역대 「제퍼디!」에서 나온 질문들에 '예' 또는 '아니요'로 대답하는 법을 익혔다. 이 기계의 이름은 왓슨Watson이다. 왓슨은 인터넷에 접속할 수 없었기 때문에 문제를 풀 때 온라인 검색을 할 수 없었다. 그래서 이미 알고 있는 자료에서 답을 찾아야 했다. 왓슨은 일반인이 AI와, AI의 잠재력에 관심을 갖게 하려는 연구 계획의 일환으로 개발되었다. 2011년에 왓슨은 「제퍼디!」에서 두 사람과 경쟁을 벌였고, 우승했다.

음성 인식 서비스

음성 인식 서비스도 AI를 일상에서 사용하게 되는 큰 계기를 마련해주었다. 시리Siri는 음성을 인식하고 정보를 검색할 뿐 아니라 휴대하기도 쉬운 첫 번째 가상 음성 인식 서비스다. 애플은 2010년에 시리사社에서 시리를 구매했고, 그다음 해에 아이폰에 장착했다. 2015년에 아마존은 시리처럼 실시간으로 질문에 대답할 수 있지만 버튼을 누르는 식이 아니라 이름을 부르면 활성화되는 알렉사Alexa를 도입했다. 처음에 알렉사는 일정을 관리하고 음악을 연주하고 유용한 앱에 연결하는 등 일상을 편리하게 해줄 목적으로 개발됐는데, 지금은 스마트 홈 가전제품과 연결해 전등을 켜거나 끄는 등의 일까지 할 수 있다. 어쩌면 음악에 맞춰 랩을 읊조리는 걸 듣게 될 수도 있다.

딥마인드, 알리바바, 텐센트, 바이두, 오픈AI

딥마인드DeepMind는 2010년에 데미스 하사비스Demis Hassabis, 셰인 레그, 무스타파 술레이만이 런던에서 설립한 스타트업 AI 연구 회사다. 딥마인드는 현재 정말로 경이로운 여성, 릴라 이브라힘Lila Ibrahim이 경영하고 있으며, 전 세계에서 가장 자금이 풍족한 지주회사 알파벳Alphabet의 자회사다(구글도 알파벳의 자회사다!). 1990년대에 체스 게임 프로그램이 개발된 것처럼, 딥마인드 연구팀은 AI가 바둑(3000년 전부터 중국에서 시작한)을 두는 기술을 개발했다. 바둑 AI의 컴퓨터 버전인 알파고AlphaGo는 딥마인드 웹사이트의 소개에 따르면 "알려진 우주에 존재하는 원자의 수보다 더 많은" 수를 구사할 수 있다. 강화학습을 비롯한 모든 AI 기술을 섭렵한 알파고는 2015년에 사람을 상대로 첫 번째 승리를 거뒀고, 2017년에는 바둑계 정상에 올랐다. 무엇보다도 가장 놀라운 점은 알파고로 2017년 대국에서 승리한 딥마인드가 이후 아무것도 학습하지 않은 알파제로AlphaZero를 출시했다는 것이다. 이는 IBM이 훈련 데이터 세트를 이용해 왓슨이 기존 지식을 습득하게 한 것과 달랐다. 기존 지식에서 그 무엇도 배우지 않은 알파제로는 무작위로 바둑을 두며 시행착오를 통해 바둑 두는 법을 익혔다. 알파제로는 사람이라면 거의 하지 않을 변칙적인 묘수를 찾아낸다. 딥마인드 연구팀은 알파제로가 AI로 사람의 창의력을 강화하는 중요한 발판이 될 수 있으며, 일반 인공지능의 탄생으로도 연결될 수 있을 것이라고 기대하고 있다. 데미스 하사비스는 우리 세대 최고의 두뇌 가운데 한 사람으로 인정받고 있으니, 이 사람이 활동하는 공간을 주시하면…….

알파제로가 세상에 출시된 해에 중국 정부는 AI 개발에 수백만 달러를 투자하기 시작했다. 정부 기관, 기업체, 군대에 AI 기술을 도입해 활용하고, AI 훈련을 교육에 접목하는 것을 꾀했다. 중국 정부는 2030년까지 총 1조 달러(약 1350조 원)를 AI 산업에 투자할 계획이다. 중국에서 AI 혁명을 주도하고 있는 거대 기술회사는 알리바바, 텐센트, 바이두 세 곳이다. 중국 언론과 정부는 이 세 기업을 미국 거대 기업 아마존과 구글의 경쟁자로 묘사하는데, 이 세 회사가 이룩하고 있는 실적을 보면 '미국이 AI 시합에서 이기고 있다'는 생각은 확실히 도전을 받고 있다. 실제로 최근 출간된 리카이푸李開復의 『AI 슈퍼파워: 중국, 실리콘밸리 그리고 새로운 세계 질서』는 미국과 중국의 AI 개발 상황을 비교 검토한 뒤, 중국 회사 알리바바는 현재 전 세계 1위 전자상거래 플랫폼이며, 기계학습, 네트워크 보안, 자연어 처리 기술을 중점적으로 연구하는 일곱 개 AI 연구소에 투자하고 있다는 등의 근거를 들며 중국이 우위에 섰다고 주장했다. 2018년에 알리바바가 출시한 로봇은 스탠퍼드대학교 독해 시험에서 사람들보다 훨씬 뛰어난 능력을 보였다.

오픈AI

오픈AI Open AI는 일론 머스크Elon Musk가 여러 사람과 함께 설립한 AI 연구 회사다. 2019년 2월에 오픈AI는 사람의 음성 패턴을 학습해 문서를 생성하는 데 탁월한 기량을 보인 언어 소프트웨어를 개발했는데, 기량이 너무나도 탁월해서 그 소프트웨어를 대중에게 공개할 수 없다는 결론을 내렸다. 이 소프트웨어를 남용해 가짜 뉴스나 스팸을 생성할 수 있기 때문이다. 하지만 한 가지 명확히 해야 할 점이 있다. 현재 기계는 완벽한 산문을 쓸 수 없으며 거짓을 만들어낼 수 있을 만큼 이 세상을 충분히 이해하고 있지도 않다는 것이다. 우리가 분명히 알아야 할 점은 그런 일은 소프트웨어를 통제하는 사람들도 하지 못한다는 것이다.

2019년 8월에 오픈AI는 코드를 사용하지 않아도 혼자서 충분히 가동할 수 있는, 기존 모형을 훨씬 축소한 버전을 출시하기로 결정했다.* 특정한 텍스트를 입력했을 때 오픈AI 봇이 어떻게 반응하는지를 알고 싶다면 오픈AI 사이트를 방문해 AI가 완성할 수 있도록 지시 문구를 입력해보자.

나는 스파이스걸스의 가사를 입력했다. 그러자 다음과 같은 결과가 나왔다. 이 결과를 토대로 AI 스파이스걸스의 재결합 투어를 추진할 것인지를 결정하는 건 당신에게 맡기겠다.

* 2022년 11월 30일, 오픈AI는 대화 전문 인공지능 챗봇 ChatGPT를 공개했다.

프롬프트: '하나가 되는 둘.' 스파이스걸스 노래('2 Become 1.' by the Spice Girls).

완성: 이제 여기 와서 어떻게 됐는지 보여줘 나는 약간의 역사를 보고 있어 이 밤이 끝날 무렵이면 어떻게 되고 있는지 알게 될 거야 그리고 말이야 나에게 필요한 건 약간의 깊은 생각이 전부야 나에게는 약간의 사랑이 필요해.

AI의 역사를 읽을 때는 AI 분야에서 이겼다거나 이끌었다거나 전진했다는 표현이 '더 나아졌다'는 것을 의미하지 않는다는 사실을 염두에 둘 필요가 있다. 4장에서 더 자세하게 설명하겠지만, 현대 AI의 발달을 살펴보고자 할 때는 다음과 같은 좋은 질문을 마음속에 간직하고 있어야 한다. 이 경쟁에서 이긴다는 것은 어떤 의미인가? 성공을 평가할 때 가장 염두에 두어야 할 우선순위는 무엇인가? 상이란 무엇인가? 모두에게 인정받을 승리를 했다고 주장하는 사람은 누구인가? 그리고 이 질문도 해야 한다. AI 분야의 선도자가 된다는 것을 누가 결정하는가?

3장

내게 너무나도 친절한 AI

AI는 어떻게 작동하는가

좋다. 이 장은 건너뛰고 싶은 마음이 드는 독자도 있을 텐데, 충분히 이해한다. 이 장에서 다루는 내용은 이해하기 어려울 수도 있고, 굳이 AI의 모든 것을 자세하게 알 필요가 있을까 하는 생각이 들 수도 있으니까. 하지만 내 경험에 비추어보건대, 어떤 분야의 기초를 이해하는 데 시간을 들이면 그 분야의 개념을 훨씬 더 편안하고 자신 있게 받아들일 수 있다. AI의 기본 토대를 알고 있으면, 낯선 AI 시스템을 만났을 때 필요한 것을 기존 지식에서 유추해낼 수 있을 거라고 믿는다.

캐런 하오(MIT 테크놀로지 리뷰에 근무하는 내 친구)와 나는 3장이 여러분이 앞으로도 계속 공부해나갈 새로운 출발점이 되기를 희망하며 AI의 기본 작동 방식에 관해 이야기를 나누었다.

AI 기계를 훈련시키는 방법, 기계학습에 관해 알아야 할 내용, 기계학습과 AI의 차이를 살펴보자.

기계학습은 데이터의 패턴을 찾는 데 능숙한 AI 알고리즘의 한 형태다. 예를 들어 넷플릭스는 기계학습 알고리즘을 이용해 당신이 시청한 작품, 작품 시청 시간, 그 밖에 당신이 미처 깨닫지 못하는 수십 혹은 수백 개의 다른 요소(이를 데이터라고 한다)를 기반으로 당신이 좋아하는(이를 패턴이라고 한다) 텔레비전 시리즈나 영화를 파악한다. 그런 다음에는 그 패턴을 이용해 당신이 좋아할 것 같은 작품들을 추천한다.

인스타그램의 기계학습 알고리즘은 사용자가 팔로우하는 계정, 더블 탭을 하는 계정, 스크롤을 내려 다음 게시글로 넘어가기 전에 한 계정에서 머무는 시간(데이터) 등을 기반(패턴)으로 해당 사용자가 구매할 가능성이 있는 제품이나 서비스를 파악한다. 그런 다음에는 당신을 잘 아는 것처럼 느껴지는 표적 광고를 당신에게 들이민다.

2장에서 살펴보았듯이 AI 연구자들은 수십 년 동안 사람의 지능을 복제하려고 다양한 방법으로 실험을 해왔다. 기계학습은 그중에서도 가장 성공한 방법이다. 현재 사람들이 이용하는 주요 앱과 웹사이트는 거의 대부분 사용자의 행동과 기호를 기반으로 사용자에게 최적의 경험을 제안하게 하는 기계학습을 채택하고 있는데, 이 사실은 기계학습이 얼마나 성공했는지를 보여준다.

내가 처음으로 '와, AI는 어디에나 있구나!'라는 사실을 깨달은 것은 페이스북에 친구 사진을 올릴 때 더는 태그를 붙일 필요가 없음을 깨달았을 때다. 친구 사진에는 태그가 자동으로 붙었다. 페이스북이 20억 4500만 명의 페이스북 사용자 중에서 내 친구와 가족을 식별해냈기 때문이다. 어떻게 그럴 수 있을까?

페이스북의 자동 태그 기능에 사용하는 기술도 앞에서 언급한 다른 앱이나 웹사이트에서 활용하는 기술과 다르지 않다. 사용자가 자기 사진이나 친구들 사진을 게시할 때마다 페이스북의 기계학습 알고리즘은 그 사진을 이용해 다른 사용자들의 얼굴과 당신의 얼굴이 어떻게 다른지를 학습한다. 처음에는 그다지 뛰어난 결과를 내지 못한다. 게시한 사진에 직접 태그를 입력해야 할 때도 있고 페이스북이 틀린 태그를 추천하기도 하는 것은 그 때문이다. 하지만 시간이 흐를수록 당신의 페이스북 화면에 더 많은 사진이 올라가면 올라갈수록 각 사용자와 관계가 있는 픽셀 그룹을 점점 더 정확하게 구별할 수 있게 된다. 이 과정을 다른 말로 표현하면 학습 과정이다. 기계학습 알고리즘은 반드시 '학습'해야 한다. 새로운 데이터가 있는 새로운 환경에 적용하기 전에, 한 데이터 세트 내부에 있는 패턴을 익혀야 한다는 뜻이다.

기계학습이 무엇인지는 알겠다. 하지만 딥러닝과 같은 다른 유형의 AI와는 어떤 차이가 있는가?

기계학습이 AI 가운데 특히 인기가 있는 기술이라면, 딥러닝은 기계학습 가운데 특히 인기가 있는 기술이다. 딥러닝은 스테로이드계 약물을 복용한 기계학습이라고 할 수 있다. 딥러닝은 데이터점이 수십억 개, 심지어 수조 개에 달하는 방대한 데이터에서 패턴을 찾을 때 특히 유용하다. 소셜미디어나 스트리밍 플랫폼에서 자료를 처리할 때는 딥러닝을 활용한다. 따라서 실제로 페이스북의 사진 태그 알고리즘은 딥러닝 알고리즘이며, 넷플릭스의 추천 작품 알고리즘도 딥러닝 알고리즘이다. 2018년에 넷플릭스 사용자들은 하루에 거의 1조 개에 달하는 데이터점을 생성했다. 이는 넷플릭스의 추천 작품 알고리즘이 분류하고 이해해야 하는 데이터가 1조 개에 달한다는 뜻이다. 1조 개의 데이터는 어떤 의미가 있을까? 데이터 하나를 보는 데 걸리는 시간이 1초라면 1조 개의 데이터를 보는 데는 3만 2000년이 걸릴 것이다.

AI가 '보고' '듣고' '말하고', 미래를 예측할 수 있다면 이런 기능들을 가능하게 하는 기술적 요소를 어떻게 더 잘 이해할 수 있을까?

이제 우리는 기계학습이 작동하려면 어떤 표본template을 만들어야 하는지 안다. 다량의 데이터를 알고리즘에 대입하면, 기계는 데이터 속에서 올바른 패턴을 찾고 그 패턴을 이용해 결정을 내린다. 우리는 또한 페이스북, 인스타그램, 넷플릭스의 알고리즘이 같은 방식으로 작동한다는 것을 알고 있다. 따라서 더 많은 내용을 살펴보기 전에 한 가지 연습을 해보자. 위에 나온 사이트에서 (1) 알고리즘에 어떤 자료를 대입하고, (2) 어떤 패턴을 발견하며, (3) 어떤 활동을 하는지를 최선을 다해 추측해보는 것이다.

예를 들어 나라면 **페이스북의 사진 태그 알고리즘**에 관해서 이렇게 적을 것이다.

- **데이터**: 사람들이 게시하고 태그를 붙인 사진들.
- **패턴**: 사람들의 얼굴과 관계가 있는 픽셀 그룹.
- **활동**: 새로 게시한 사진에 자동으로 태그 붙이기.

이제 여러분이 직접 해보자.

아마존 알렉사의 음성 인식 알고리즘

- 데이터:
- 패턴:
- 활동:

지메일 스마트 편지쓰기 기능

- 데이터:
- 패턴:
- 활동:

유튜브 뉴스피드 순위 결정 시스템

- 데이터:
- 패턴:
- 활동:

스포티파이 추천 알고리즘

- 데이터:
- 패턴:
- 활동:

이제부터 다음에 나오는 알고리즘들의 작동 방식을 분석하고 적어보자.

이미지 인식

페이스북의 사진 태그 알고리즘은 일종의 이미지 인식 시스템이다. 이미지 인식 시스템의 훈련 데이터는 이미지와, 이미지에 붙은 라벨인데, 앞에서 살펴본 페이스북의 경우 이미지 라벨은 태그다. 그와 마찬가지로 만약에 개 품종, 식물의 종, 사람의 필체를 인지하는 알고리즘을 생성하려면 모든 개와 식물, 필체 데이터에 라벨이나 태그를 붙여야 한다. 라벨을 붙인 데이터로 기계학습 알고리즘을 훈련하는 방법을 지도학습supervised learning이라고 한다. 다시 말해서 데이터를 입력하는 사람이 감독자가 되어 기계에서 배워야 할 내용을 지시하는 것이다.

이미지 인식 알고리즘은 훈련을 받을수록 특정 라벨을 단 이미지와 특정 픽셀 집단의 연결을 강화한다. 알고리즘은 이런 연결들의 패턴을 배운다. 이 패턴을 사용해 알고리즘은 한 번도 보지 못했던 이미지에서 사물을 구별해낸다. 그런데 한 가지 분명하게 구별해야 할 점이 있다. 이미지 인식 알고리즘이 새로운 이미지 속의 사물을 인지한다고 해서, 그것이 곧 새로운 사물을 인지하는 것은 아니라는 사실이다. 알고리즘은 훈련 데이터에 들어 있는 사물만을 인지할 수 있다. 따라서 골든리트리버에 라벨을 단 이미지만을 데이터로 제공한 알고리즘이 로트와일러를 인지하리라고 기대해서는 안 된다!

- 데이터: 라벨을 단 이미지.

• **패턴**: 각 라벨과 일치하는 픽셀 집단.

• **활동**: 한 번도 본 적 없는 이미지에서 해당 사물 인지하기.

음성 인식

아마존의 알렉사도 이미지 인식 알고리즘처럼 지도학습을 기반으로 하는 음성 인식 알고리즘을 사용한다. 알렉사의 데이터는 이미지가 아니라 음성이며, 라벨은 이미지 안에 들어 있는 사람이나 사물의 모습이 아니라 말을 이루는 단어들이다. 이 알고리즘의 훈련 과정도 이미지 인식 알고리즘의 훈련 방식과 같아서, 라벨을 붙인 음성을 듣고 특정 단어와 특정 발음을 연결하는 법을 배운다. **기계학습 모형**이라고도 부르는 이 학습된 음성 인식 알고리즘은 전혀 들어보지 못한 오디오 트랙을 들을 때도 단어를 학습해, 소리로 재생할 수 있다.

알렉사가 타이머를 설정해달라거나 좋아하는 음악을 들려달라는 사용자의 명령을 알아듣는 이유는 그 때문이다. 알렉사를 가동하는 음성 인식 알고리즘이 다양한 단어를 구사하는 사람들의 음성에 수백만 개 라벨을 단 데이터를 보유하고 있기 때문이다. 하지만 이미지 인식 알고리즘처럼 음성 인식 알고리즘도 훈련된 데이터만큼의 기량만 발휘할 수 있다. 알렉사는 중국어 단어에 라벨을 단 음성으로는 훈련받지 않았기 때문에 중국어 명령은 이해하지 못한다.

- 데이터: 라벨을 단 음성.
- 패턴: 각 단어와 대응되는 소리.
- 활동: 처음 들어보는 오디오에서 단어를 재생하기.

문장 자동 완성 기능

지메일의 스마트 편지쓰기Smart Compose 기능은 문장 자동 완성 알고리즘 가운데 하나다. 문장 자동 완성 기능의 작동 방식은 여느 알고리즘과는 조금 다르다. 이 알고리즘은 비지도학습 방식을 활용한다. 비지도학습은 라벨을 붙인 데이터로 학습하지 않는다. 이 알고리즘은 패턴 자체를 찾는 방법을 익힌다. 다시 말해서 문장 자동 완성 알고리즘에 문자를 입력하면, 이 알고리즘은 특정 글자 뒤에 가장 빈번하게 나오는 글자를 익히거나, 특정 단어 뒤에 가장 빈번하게 나오는 단어를 익힌 뒤에, 이런 연관성을 이용해 주어진 문자를 완성할 수 있는 글자나 단어를 예측한다.

지메일의 스마트 편지쓰기 기능이, 입력하고 있는 문장을 기가 막히게 완성할 수 있는 것은 그 때문이다. 이 알고리즘은 스마트폰이나 구글, 유튜브 검색창에서 검색어를 입력하기 시작하면 자동으로 글자를 교정해준다.

비지도학습도 기계학습의 작동 방식과 마찬가지로 분석하고 정리해볼 수 있다.

- 데이터: (라벨을 달지 않은) 문자.

- 패턴: 입력한 글자나 단어 뒤에 가장 빈번하게 오는 글자나 단어.
- 활동: 주어진 문자를 가지고 자동으로 단어나 문장을 완성하기.

순위 결정 시스템

유튜브 뉴스피드는 순위 결정 알고리즘이 배열 순서를 결정하는데, 기계학습을 활용하는 방법은 명확하지 않을 수도 있다. 페이스북처럼 인스타그램이나 구글도 부분적으로는 사용자가 보기를 원한다고 생각하는 순서대로 뉴스피드나 검색 결과를 게시한다. 이런 알고리즘이 찾고자 하는 패턴은 사용자가 선호하는 결과물과 강한 상관관계가 있을지도 모를 다양한 콘텐츠 조각들의 특성이다. 그리고 이런 회사들이 사용하는 데이터는 사용자가 플랫폼에 남긴 특정 종류의 선호 표시일 수도 있다. 예를 들어 페이스북이나 인스타그램의 '좋아요'는 사용자가 특정 게시글을 좋아한다는 사실을 분명하게 알려주는 표식이다. 유튜브 검색 결과에서 특정 비디오를 클릭하는 것은 다른 비디오보다 그 비디오를 선호한다는 사실을 알려주는 표지 역할을 한다.

일단 선호도 모형을 제대로 완성하고 나면 순위 결정 알고리즘은 그 순위에 따라 사용자에게 제시할 콘텐츠 순서를 결정할 수 있다.

- 데이터: ('좋아요'를 누르거나 동영상을 클릭하는 등, 어떤 식으로든 콘텐츠에 참여해) 사용자의 선호도를 알려주는 신호가 될 수 있는 모든 자료.
- 패턴: 이런 선호도와 상관관계가 있는 콘텐츠들의 특성.
- 활동: 예측한 특성을 바탕으로 새로운 콘텐츠 순서 정하기.

추천 시스템

스포티파이 알고리즘 같은 추천 시스템은 순위 결정 시스템과 거의 비슷하지만, 마지막 과정이 다르다. 추천 알고리즘도 사용자의 선호도 모형을 개발하려고 노력하지만, 선호도를 활용하는 목적은 사용자가 좋아하는 콘텐츠의 순위를 정하는 것이 아니라 다른 콘텐츠를 추천하는 데 있다. 추천 시스템을 이용해 스포티파이는 사용자에게 새로운 노래를 추천하고, 넷플릭스는 새로운 프로그램을 추천한다. 그에 반해 틱톡은 추천 알고리즘을 이용해 시청자가 한 콘텐츠를 가능한 한 오랫동안 시청한 뒤에 다른 콘텐츠로 넘어가게 한다. 특정 소비자를 목표로 하는 광고도 이런 알고리즘을 응용하고 있다. 구글, 아마존, 인스타그램처럼 소비자가 원하는 제품을 정확히 알고 있는 것 같은 사이트에서는 추천 알고리즘을 응용한 광고 추천 엔진이 가동되고 있다.

- 데이터: 사용자의 선호도를 알려주는 신호가 될 수 있는 모든 자료.

- 패턴: 이런 선호도와 상관관계가 있는 콘텐츠들의 특성.
- 활동: 예측한 특성을 바탕으로 새로운 콘텐츠 추천하기.

이 모든 기능을 하나의 큰 그림으로 엮어본다면 딥러닝(과 더 넓게는 기계학습)은 사람의 지능을 흉내 내려고 연구자들이 시도하는 여러 방법 가운데 한 개의 목록을 차지하고 있을 뿐이다. 이런 알고리즘들은 상업적으로 엄청난 성공을 거두었지만, 여전히 사람의 능력을 피상적으로 흉내만 내고 있을 뿐, 사람과 똑같다고 간주할 수 있는 알고리즘이 출현하려면 아직 갈 길이 멀다. 그렇다고는 해도 이 간단한 알고리즘들이 성취한 업적은 이미 우리 일상의 많은 측면에 엄청난 영향을 미치고 있다는 사실은 의심할 여지가 없다.

AI가 할 수 없는 일

AI는 마법을 부리는 것만 같이 느껴지지만, AI에게는 분명히 한계가 있으며 현재 AI는 발달 초기 단계라는 사실을 반드시 기억해야 한다. 천천히 엄청난 노력을 해서 이룬 성과라고 하면 재미가 없을 것이다. 그보다는 하룻밤 사이에 새로운 도구를 만들어냈다고 하는 편이 훨씬 더 자극적이고 전달하기도 쉽다. 언론이 너무나도 자주 자극적인 이야기를 만들어내는 것도, 우리가

AI가 간신히 해낸 일을 읽을 때는 반드시 비평가의 렌즈를 장착해야 하는 것도, 바로 그 때문이다.

'터미네이터 같은 AI가 불과 10년 또는 20년 안에 나타날 것이다'라는 놀라운 기사 제목이 신문을 장식했던 시기도 있었다. 이런 기사들은 불필요한 두려움을 유발하고 과대광고를 부추긴다. 하지만 당연히 과학은 이런 기사들보다는 조금 더 복잡하다. 이제부터 그런 제목의 기사 한 편에 숨어 있던 진실을 밝혀보려고 한다.

페이스북의 인공지능 로봇들이
자기들만의 언어로 서로 대화하기 시작하더니
프로그램을 셧다운했다

실제로 페이스북이 진행한 실험은 영어를 사용하는 두 챗봇이 서로 협상해 모자와 공, 책을 교환하게 하는 것이었다. 물건의 값은 각각 다르기 때문에, 연구자들은 챗봇이 벼룩시장에서 사람들이 물물교환을 하듯이 자신이 가진 물건을 교환하는 방법을 찾기를 바랐다. 실제로 챗봇은 거래하는 데 필요한 주요 단어나 구절을 찾아냈고, 그 단어들을 계속 반복해서 말하기 시작했다. "공이 없어. 나에게는, 나에게는, 나에게는……"이라는 식이었다. 발췌본만을 본다면 두 챗봇은 서로 의사소통을 했고 사람들은 따라갈 수 없는 방법으로 서로 협상을 한 것 같으므로, 이 실험은 크게 성공한 것처럼 보였다. 하지만 연구원들은 전혀 그렇지 않다는 사실을 알았다. 실험은 사실상 실패했다. 이 실험의 궁극적인 목표는 챗봇들이 사람과 협상을 벌이게 하는 것이었다. 챗봇들은 거래를 하는 방법을 찾아냈지만, 사람의 언어를 사람이 사용하는 방식으로는 아니었고, 자신들만의 언어를 만들어내지도 않았다. 결국 연구원들은 이 프로젝트를 멈추어야 했다. 챗봇이 연구원들을 겁에 질리게 할 끔찍한 이야기를 주고받아서가 아니다. 단지 말이 되지 않는 대화를 주고받아서였다.

따라서 AI에 관한 실험이 멋지게 성공했다거나 처참하게 실패했다는 소식을 들을 때마다 이런 질문을 해봐야 한다.

- '사실이라고 믿기에는 너무 좋은 소식 아닌가?' '이건 너무 끔찍한 악몽 아니야?' 이 두 질문 가운데 하나에 '그렇다'라는 대답을 할 수 있다면 그 소식을 액면가 그대로 받아들이지 말고 조금 더 자세하게 알아보는 게 좋다.
- 그 AI는 어떤 데이터로 훈련을 받았으며, 누구를 대표하는 데이터인가?
- AI 이전에 사람은 같은 작업을 어떤 식으로 완수했는가? AI 시스템이 진행한 작업은 전체적으로 사람이 진행한 작업보다 더 나은가, 아니면 한 측면에서만 나을 뿐인가?
- 이 연구나 제품에 투자한 사람은 누구인가? 그리고 이 결과로 이득을 볼 사람은 누구인가?

무엇보다도 중요한 것은 우리 인생에는 AI가 그 역할을 할 수 없는 부분도 있고, AI가 그 역할을 굳이 해줄 필요가 없는 부분도 있다는 점이다. AI는 용서를 할 수 없으며, 보살필 수 없고, 관계를 맺을 수 없으며, 공감 능력을 보이거나 도덕적으로 행동할 수 없다. 이에 대한 더 자세한 내용은 나중에 다룰 것이다.

4장

AI는 나쁜 것도 배운다

위험성 직시하기

AI의 잠재력은 어마어마하다. 여기에 대해서는 반박할 사람이 없을 것이다. 대형 컨설팅 회사 PWC는 AI로 인해 2030년까지 세계 경제 규모가 15조 달러 증가할 것이라고 예측했다. 15조 달러라면 10년 동안 매일 41억 달러씩 써도 남을 정도로 엄청난 금액이다.

AI는 삶을 변화시키는 보상을 줄 수도 있고 재앙과도 같은 위험을 불러올 수도 있다. AI에는 분명히 삶의 두 방향을 모두 가능하게 하는 엄청난 잠재력이 있다. 내가 AI의 복잡성을 이해해야 하며 AI의 장단점을 명확하게 헤아리는 것이 중요하다고 믿는 것은 그 때문이다.

AI가 우리 삶에 영향을 미치는 방식을 정리하자면 그 목록은 끝이 없을 것이므로 여기서는 여러분의 상상력을 불러일으킬 수 있는 매우 놀라운 몇 가지만 살펴보도록 하자. 이 방식들이 AI의 잠재력을 탐구하는 여정을 시작할 수 있게 해주기를 소망한다. 이 책의 뒤에 실은 도서 목록을 참고하면, 당신이 가장 걱정하는 분야에 관한 이야기도, 가장 기대하는 분야에 관한 이야기도 읽을 수 있을 것이다.

어떤 위험이 있는가

미디어는 독자의 관심을 끌려고 자극적인 제목을 붙인 기사를 써서 공포를 조장할 때가 있다. 이런 기사들은 멋진 알고리즘 덕분에 수백만 명의 관심을 끌 수도 있다. 미디어는 우리의 삶을 파괴할 수 있는 AI의 잠재력에 대한 기사를 너무나도 많이 쏟아냈다. 이런 기사들은 아주 그럴듯하게 들리거나 엄청난 일을 경고하는 것처럼 들릴 때가 많은데, 무시무시한 경고를 정말 설득력 있게 하는 경우도 있다. 지금 내가 하고자 하는 일은 AI에 대한 공포를 불러일으키는 것이 '아니라', AI를 제대로 점검하지 않았을 때 혹은 소수의 손에만 맡겨놓았을 때 일어날 수도 있는 일에 주의를 환기하는 것이다. 내가 바라는 것은 혹시라도 AI에 잠재적 위험이 있다면 그 위험을 파악하고, 그 정보를 이용해 우리가 사용하는 제품에 대해, 우리가 소비하는 미디어에 대해, 우리가 일하고 있거나 우리를 위해 일하고 있는 회사에 대해 좀더 현명한 결정을 내리는 것이다. 내가 선택한 예시들은 이 책을 쓰고 있는 지금, 뜨겁게 논의되고 있는 문제들이자 우리 코앞에 닥친 위험들이다.

위험 1 위험한 콘텐츠를 만들어 퍼트리도록 AI를 프로그램할 수 있다

아주 초기부터 기업인과 정치인들은 우리를 소비자로 묶어두거나 우리의 표를 얻기 위해 공동체 내부의 사회적 상호작용과 미디어를 활용해왔다. 웹이 등장하면서 두 선전 도구는 더 넓고 먼 곳까지 퍼져나갈 수 있었고, AI는 그 한계를 제거해버렸다. AI는 콘텐츠를 생성할 수 있을 뿐 아니라 특정 사람들을 목표로 소식을 전할 수 있고 그 어느 때보다도 효과적이고 효율적으로 소식을 유포할 수 있다. AI 기술과 관련해 놀랍도록 다르지만 똑같은 잠재력을 지닌 두 가지 사례가 있다.

그중 매우 유명한 케임브리지 애널리티카와 2016년 브렉시트 투표 사건을 먼저 살펴보자. 케임브리지 애널리티카는 영국이 유럽연합을 탈퇴할지 잔류할지를 묻는 투표에서 정당이 원하는 대로 '설득할 수 있는' 사람들을 찾기 위해 페이스북 데이터를 영국독립당(UKIP)에 제공했다는 의혹을 받았다. 이 정보를 받은 독립당은 이 '설득할 수 있는' 유권자들이 중립적인 입장을 포기하고 탈퇴에 투표하도록 유권자들의 소셜미디어 피드에 의사결정을 유도하는 콘텐츠를 노출했다고 한다. 표적이 된 사람들은 자신의 의사와 상관없이 개인정보를 도용당했을 뿐 아니라 표적 광고의 피해자가 되었다. 케임브리지 애널리티카와 독립당은 모두 이 혐의를 부인하고 있다. 중요한 것은 내부 고발자가 아니었다면, 이 일은 영원히 드러나지 않았으리라는 점이다. 케임브리지 애널리티카가 어떻게 우리의 개인정보를 거래했는지를 조금 더 자세히 알고 싶다면 다큐멘터리 영화「거대한 해킹The Great Hack」을 보거나 크리스토퍼 와일리의 책『마인드퍽*Mindf*ck*』을 읽어보자.

AI가 훨씬 더 기만적으로 느껴질 때도 있다. 딥페이크deepfake 기술은 AI를 활용해 기존에 존재하는 동영상 화면에 가짜 동영상 화면을 덧입혀 진짜와 구별할 수 없는 화면을 만드는데, 해당 동영상이 조작된 것임을 판단하기 어렵게 만든다. 이 기술이 부상하면서 AI의 위험성 우려가 커지고 있다. 현재는 생성된 딥페이크의 97퍼센트가 포르노그래피이며, 이런 사기 동영상의 표적은 거의 대부분 유명 여성 배우지만, 일반인 여성이 표적이 되는 경우가 늘고 있다. 이제는 포르노그래피 딥페이크를 만들려고 진짜 포르노그래피 화면을 사용할 필요조차 없다. 게다가 누구나 손쉽게 그런 동영상을 만들 수 있다. 고급 기술이 필요하지도 않다. 그저 동영상을 업로드하고 동영상에 나오는 사람이 '표현하고자' 하는 내용을 입력해 넣는 프로그램을 이용하면 된다. 딥페이크는 정말로 골치 아픈 문제인데, 이 책을 쓰는 동안 딥페이크 동영상을 적발하고 처벌할 수 있는 법률적 근거를 마련하는 데 큰 진전이 있었다. 그렇지만 이제는 아무리 실제처럼 보인다고 해도 실제가 아닐 수도 있는 세상을 만들어내는 게 가능해졌음을 감안할 때, 어떤 형태든 온라인 콘텐츠를 볼 때 조심하고 또 조심하는 것이 우리가 갖추어야 할 중요한 무기일 것이다.

위험 2 유익한 일을 하도록 설계되어 있어도 물리적으로 해를 끼치거나 특정 집단을 차별할 수 있다

일부러 악의적으로 설계해서 AI가 해로운 결과를 만들어낼 때도 있지만, 그보다는 사용자가 직접 AI를 사용하면서 의도치 않은 심각한 결과를 발견하는 경우나 프로그램 설계 시 무의식적으로 편향이 반영되는 경우가 많다.

독일 허티스쿨의 윤리·기술학과 교수인 조애나 브라이슨Joanna Bryson은 영국 배스대학교 재직 시, 단어를 관찰하고 그 단어들이 사용되는 방식을 연구하면 사람들이 인간의 수많은 경험을 이해하는 방식과 이 경험을 AI에게 공급하는 방식을 알 수 있음을 보여주는 논문을 발표했다. 브라이슨의 논문은 평균적으로 남자들은 일, 수학, 과학을 나타내는 단어들과 연결됐으며, 여자들은 가족과 예술을 나타내는 단어들과 연결되어 있음을 알려주었다. 또한 일반적으로 청년은 노인보다 더 유쾌한 상태에 있는 것으로 여겨졌다. 브라이슨은 알고리즘은 서로 나란히 붙어서 나타나는 빈도가 더 높은 단어들을 기반으로 결정을 내린다고 했다. 따라서 알고리즘에 제공하는 문서들이 젠더 편향적이라면(즉 '의사'라는 단어 가까이에 '여자'보다 '남자'라는 단어를 더 자주 놓고, '간호사'라는 단어 가까이에는 '남자'보다 '여자'라는 단어를 더 자주 놓는다면), 알고리즘은 이런 성 편향적인 표현을 배운다. 이를 '단어 임베딩word embedding'이라고 하는데, 기본적으로 컴퓨터는 한 단어가 보통 나타나는 문맥을 근거로 단어를 정의한다. '얼음'과 '수증기'는 비슷한 임베딩을 갖는다고 하는데, 왜냐하면 이 두 단어 모두 '물'과 같은 단어와 나타날 때가 많지 '패션' 같은 단어와 함께 나타나는 경우는 드물기 때문이다. 그런데 컴퓨터에서 임베딩은 우리가 직관적으로 이해할 수 있는 정의가 아니라 일련의 수로 표현한다.

'초깃값을 남성'으로 설정한 데이터로 만든 세상에서 발생하는 젠더 리스크는 아주 심각한 결과를 낳을 수 있다. 성별 데이터 격차라고 부를 수 있는 이런 상황은 어디서든 발생할 수 있다. 이 때문에 여성은 신체적으로 해를 입을 수도 있고, 심지어 사망할 수도 있다. 예를 들어 자동차 안전성을 시험할 때 테스트용 마네킹의 초깃값은 평균 남성의 키와 몸무게, 근육량에 맞추어져 있다. 그것은 자동차의 안전성에 관해 수집한 데이터 대부분이 남성의 몸에 맞추어 만들어졌다는 뜻이다. 연구 결과에 따르면 자동차 사고에 연루될 가능성은 남성이 여성보다 더 높지만, 자동차 사고로 심각한 부상을 입을 가능성은 여성이 남성보다 47퍼센트 더 높으며, 사망할 가능성은 17퍼센트가 더 높았다. 미국은 2011년이 되어서야 자동차 안전 시험에 여성 마네킹을 포함했으며, 영국은 지금도 운전자를 여성으로 설정한 안전 시험을 진행하지 않고 있다(조수석에는 타고 있지만 말이다).

이것을 비단 성별 데이터 격차라고만 볼 수는 없다. 역사적으로 데이터 세트에 제대로 포함되지 못한 사람들을 AI 설계에서도 배제하고 있는 것이다.

MIT 연구원 조이 부올람위니Joy Buolamwini는 이 같은 편향을 공론화한 사람으로 유명한데, 특히 얼굴을 인식할 때 AI가 보이는 편향을 지적했다. MIT에서 그녀가 진행한 연구에 따르면 아마존의 레커그니션Rekognition 얼굴 인식 소프트웨어는 밝은 피부의 남성은 100퍼센트 정확하게 인지했지만, 전체 여성의 19퍼센트를 남성으로 인지했고, 어두운 피부의 여성은 31퍼센트를 남성으로 인지했다.

이런 결과가 나온 이유는 AI를 훈련하는 데 사용한 데이터와 대표 표본으로 제시된 사람들 때문이다. 레커그니션은 오직 주어진 데이터 세트 내부에 있는 표본만을 학습할 수 있다. 주로 백인 남성의 데이터 세트만을 학습했다면, 당연히 백인 남성을 인지하는 데 아주 뛰어난 기량을 보일 수밖에 없다. 연구원들이 이 알고리즘으로 백인 남성을 인지하는 테스트를 한다면 알고리즘은 성공적으로 설계된 것처럼 보일 것이다. 하지만 나중에 다양한 데이터 세트를 가지고 알고리즘을 가동하면 이 시스템은 여성을, 특히 유색인 여성을 제대로 인지해내지 못한다.

이런 편향은 훨씬 심각한 결과를 불러올 수도 있다. 얼굴 인식 기술은 출입국 관리와 경비 분야에서 이미 활용되고 있는데,

두 분야 모두 인종차별이 심각하게 일어나고 있다.

여기서 반드시 이해해야 할 점이 하나 있다. AI는 그 자체로는 편향이 없다는 것이다. AI는 자신이 익힌 데이터와 데이터가 가르쳐주는 세상을 반영한다. 의도치 않게 여성 혐오적이고 인종차별적인 소프트웨어로 '양육된' AI의 좋은 예로는 마이크로소프트의 AI 챗봇 테이Tay가 있다. 테이는 자신의 트위터 계정에 올라온 사진에 대해 언급하거나 농담을 하는 등 다양한 과제를 수행할 목적으로 탄생한 AI 챗봇으로, 스스로 환경에 적응하도록 설계됐다. 온라인에서 사용자들과 소통하며 성격을 형성하도록 설계된 테이에게는 인종차별 코드는 심어져 있지 않았다. 온라인 사용자들에게서 인종차별적인 언어를 배운 뒤에야 테이는 자신의 언어에 인종차별적인 말들을 담기 시작했다. 테이의 트위터에는 인종차별적인 비방과 히틀러를 옹호하고 유대인 학살을 부정하는 글, 도널드 트럼프의 이민 정책을 찬성하는 발언 등이 올라오기 시작했다. 모두 2016년에 테이가 트위터에 등록하고 24시간이 지나기 전에 올라온 글이었다. 테이가 극도로 불쾌한 감정을 유발하기 시작하자 마이크로소프트는 테이의 작동을 멈추었다. 하지만 그 정도가 심하지 않아서 대중의 반발을 사지 않을 뿐이지 지금도 여전히 눈에 띄지 않게 미묘하게 모욕을 가하거나 차별하는 기술이 작동하고 있다. 보이지 않는 음지에서 이런 기술들이 번성하고 있으니 새로운 AI 제품을 훈련할 방법을 고민할 때 테이를 떠올려야 한다.

'AI야, 나는 여자가 아닌 거니?'

— 조이 부올람위니

그들의 삶이 많은 운명을 바꿔놓았음을 알기에
그들의 유산을 만끽하며 내 마음은 활짝 웃는다.
그녀의 눈 속에서 어머니의 위엄을 보며
그녀의 얼굴에서 고모의 우아함을 본다.
이런 기시감 속에서
19세기의 질문 하나가 눈에 들어온다.
소저너 트루스가 했던 질문 말이다.
'나는 여자가 아닌가?'

오늘날 우리는 새로운 권력자들에게 이 질문을 던진다.
인공지능에, 희망의 탑들에 내기를 건다.
아마존의 여전사들은 들여다본다.
딥블루스를 차단하는 창을.
얼굴에 흉터가 늘어나는 동안
오래된 화상, 새로운 무덤은
우리 과거를 연대순으로 보여줄 데이터를 모으고
너무나도 자주 성별, 인종, 계층을 다루는 법을 잊어버려
나는 다시 묻는다.
'나는 여자가 아닌가?'

직접 맞댄 그 대답들은 불확실해 보이고
젊고 늙은, 자랑스러운 아이콘은 사라진다.

기계들은 내가 그들을 보는 것처럼 나의 여왕들을 볼 수 있을까?
기계들은 우리가 그들을 아는 것처럼 우리의 할머니들을 볼 수 있을까?

데이터 과학의 선구자 아이다 B. 웰스,
사람의 폭력에 대한 진리를 매달고 통계를 쌓고
제각기 기입하고 누락한 데이터 속에 숨어 있는
진실을 가르친, 존경받아 마땅한 사람

매수되지도 않고 지배받지도 않는 셜리 치점,
최초의 흑인 여성 국회의원
하지만 데이터에 정통한 기계의 실수로
오해를 받은 사람이 치점이 처음은 아니다.

역사의 왕관을 쓴
겁이 없고 두려움이 없는 미셸 오바마,
하지만 그 왕관은 무엇인지 알 수 없다.
시스템들은 그 왕관이 가발인지, 올림머리인지,
남자의 부분 가발인지 정확히 구분해내지 못한다.
혹시 여자들의 땋은 머리와 묶은 머리를
표현할 단어가 없는 게 아닐까?

반짝이는 피부에 풀어헤친 머리카락은
오프라를 대통령 부인으로 만들어줄까?
아무리 잘 알려진 오프라라고 해도

어떤 알고리즘은 그녀를 알아보지 못하고
강인한 여성은 남성이라는 편견을 드러낸다.

세레나와 함께 웃고 있는 우리 자매들의 성공에
웃음으로 축하를 보내며
우리의 아름다움에 붙일 수 있는 라벨은 없다.

이것은 **조이 부올람위니**가 지은 시다. 그녀는 자신을 '코드의 시인'이라고 부르는데, 예술과 기술이 만나 어떻게 꽃을 피울 수 있는지를 보여주는 것 같아서 나는 이 표현이 정말 좋다. 부올람위니는 '암호화된 시선The Coded Gaze'이라는 용어도 만들었는데, 1970년대 페미니즘 영화 이론에서 '남성의 시선'에 관해 읽은 적이 있는 사람이라면 어떤 느낌의 용어인지 알 수 있을 것이다.

우리가 이 시를 이 책에 싣기로 결정한 것은 놀라운 기술을 이룩했다는 뉴스 기사를 볼 때마다 이 시가 머릿속에서 떠오르곤 했기 때문이다. 이제는 독자들도 마찬가지일 것이다. 온라인에는 이 시와 함께 꼭 봐야 할 동영상이 같이 올라와 있다. 동영상에서는 AI가 오프라 윈프리나 미셸 오바마, 세레나 윌리엄스처럼 유명한 흑인 여성들의 얼굴조차 여자라는 인식을 하지 못한다는 것을 보여주면서 인종차별이 기술에 어떤 식으로 은밀하게 침투하는지를 분명하게 상기시켜준다.

조이는 AI의 사회적 의미를 밝히려고 자신의 연구와 예술을 활용하고 있으며, 좀더 윤리적이고 포괄적인 기술을 갖는 세상으로 만들고자 알고리즘 정의 연맹Algorithmic Justice League을 설립했다. 얼굴 분석 및 인식 기술을 끔찍한 목적으로 사용하는 것을 반대하는 첫 번째 약속 프로젝트인 '안전한 얼굴 서약Safe Face Pledge'도 시작했다.

위험 3 이득을 얻으려고 프로그램한 AI 때문에 기계에 의존하게 된다

위험해지는 건 기술의 영향력 때문만은 아니다. 기술을 사용하는 우리의 행동방식에 변화가 생겼기 때문에, 그리고 기술이 존재함으로써 사람들이 상호작용하는 방식에 변화가 생겼기 때문일 때도 있다. 이런 위험을 설명하는 케이트 데블린과 베스 싱글러와의 인터뷰를 7장에 실었다. 인터넷 중독과 AI에 대한 걱정도 현재 우리가 염려하는 위험에 속한다.

많은 알고리즘(특히 사용자가 좋아할 수도 있는 목록을 추천하는 알고리즘)은 우리가 원하는 것이나 알고리즘 제작자들이 우리가 원한다고 생각하는 목록을 찾을 수 있게 도와준다. 동시에 그 알고리즘에 중독되어 결국 계속 접속하게 설계되었다. 실제로 AI 설계 방식과 슬롯머신 사용 빈도 사이에 관계가 있음을 보여주는 연구 결과가 많이 나와 있다. 모질라 재단Mozilla foundation은 이런 관계를 '설계에 의한 중독'이라고 묘사한다. 이런 중독 증상은 시간을 낭비하게 할 뿐 아니라 도박 사이트에 장시간 머무는 것처럼 웹에 의존하게 하고 고립을 낳는 등 우리 건강에 심각하고 부정적인 영향을 미친다.

중독을 부르는 AI 설계는 시간 낭비와 고립 말고도 또 다른 악영향을 미친다. 유튜브의 AI가 그저 사용자를 계속 온라인에 붙잡아두려는 무해한 의도로 설계되었지만 사용자가 세상을 보는 시각에 엄청난 영향을 미치는 것이 그 예다. 유튜브가 처음부터 추천 알고리즘을 플랫폼의 한 요소로 활용했던 것은 아니다. 하지만 이제 유튜브에는 사용자가 한 동영상을 보면 계속해서 유튜브를 시청할 수 있도록 비슷한 영상을 추천하는 여러 기능이 있다. 동영상 자동 재생 기능을 보자. 이 기능은 유튜브에서 사용자가 이미 시청한 동영상을 기반으로 개인 맞춤형 동영상을 연속으로 재생해준다. 사용자가 원하는 것을 더 많이 제공해준다니, 아주 멋진 기능처럼 느껴진다. 문제는 알고리즘이 클릭할 가능성이 가장 높은(알고리즘에 성공으로 입력되어 있는) 링크라고 파악하고 자동으로 재생하는 동영상에는 극단적인 발언이, 심지어 혐오 발언이 포함되어 있을 가능성이 높다는 것이다. 이런 사실은 널리 알려져 있다. 당신은 그저 이케아 서랍장을 찾아봤거나 맛있는 사과파이 만드는 법을 검색해본 것뿐이라고 생각할 수도 있지만, 그런 순간에도 사람과 기계는 복잡한 관계를 맺고 있다는 사실을 기억해야 한다.

위험 4 이득을 얻으려고 프로그램된 AI가 사람의 역할을 자동으로 수행하면서, 결국 사람들이 직업을 잃게 된다

일터 어디에서나 AI를 볼 수 있는 시대가 되었다. 2010년부터 2018년까지, AI를 활용하는 스타트업 기업의 수는 여덟 배 증가했다. 전 세계 3000여 개 기업을 조사한 최근 연구 결과에 따르면 현재 AI를 도입한 기업은 전체 기업의 14퍼센트다. 2025년까지, 자사 포트폴리오에 어떤 형태로든 AI 전략을 도입하는 기업은 전체 기업의 80퍼센트에 이를 것으로 예상된다.

AI가 자동화와 연결될 때가 많다고 해서 AI를 도입한다는 것이 모든 사람이 직업을 잃는다는 의미는 아니다. 기술기업가 캐스린 파슨스는 인터뷰에서 이 문제에 관해 엄청난 통찰력을 보여주었다. 하지만 자동화는 사람이 수행하는 모든 직업에 분명히 영향을 미칠 것이다. 거대 매니지먼트 컨설턴트 회사 맥킨지 글로벌 연구소McKinsey Global Institute는 AI가 현재 어떤 일을 할 수 있는지에 따라 전체 직업의 60퍼센트는 자동화할 가능성이 30퍼센트에 이른다고 추정했다. 이런 추정이 여성에게 더 걱정을 안겨주는데, 교육 수준과 나이, 국적에 따라 사정은 다르겠지만, 일반적으로 여성이 주로 종사하는 직종이 자동화할 가능성이 더 높기 때문이다. 통계상 남성이 직업을 잃을 가능성은 9퍼센트이지만 여성은 11퍼센트다. 여성은 보통 사무직처럼 쉽게 자동화할 수 있는 직종에 종사하며, 가장 빠르게 성장하고 있는 사업 가운데 하나인 AI 분야에서 일하는 여성의 비율은 22퍼센트 정도에 불과하다고 추정하고 있다.

위험 5 이롭게 쓰이도록 프로그램된 AI가 사생활을 침해한다

AI 기술의 역량과 성능이 강화되면서 사람을 이해하고 분류하는 능력도 함께 강화되고 있다. 하지만 사람을 조사하는 AI의 능력이 강화되면서 위험 또한 증가하고 있다. 예를 들어 연구원들은 AI를 이용해 젊은 사람의 정신질환 발병 여부를 빠르게 진단하는 방법을 찾고 있다. 얼핏 생각하면 이런 시도는 매우 근사하며, 젊은 사람들을 돕는 중요하고도 필요한 기술이라는 생각이 든다. 하지만 이런 기술에는 대가가 따르는데, 이 기술이 치러야 할 대가는 개인정보다. 여기서 우리가 해야 할 질문은 '누가 개인정보를 관리하는가?'이다. AI가 '정신질환이 있을 수도 있다'고 진단한 사람이 있다면 그 정보는 누가 받아야 할까? 정보를 받는 사람은 그 젊은 사람을 도와줄 수 있는 적절한 훈련을 받았을까? 알고리즘이 내린 진단이 거짓 양성이거나 거짓 음성이라면 어떻게 해야 하나? 에이다 러브레이스 연구소 소장 칼리 카인드Carly Kind는 이런 상황을 '임무 변경mission creep'이라는 용어와 관련지어 설명했다. 임무 변경이란 기술을 만들 때 정한 원래 의도와 미래에 영향을 미칠 우리 삶의 다른 영역 간에 생기는 차이를 의미한다. 고등학교에서 학생들의 정신건강을 예측하려고 도입한 AI가 결국에는 어느 대학에 입학할 것인지를 결정하는 데 도움을 줄 수도 있다.

셀피 앱은 사람들이 자기 사진에 대한 권리를 제대로 깨닫지 못하고 있음을 보여주는 또 다른 예다. 인기 있는 사진 저장 앱이 앱 사용자들이 올린 사진으로 얼굴 인식 소프트웨어를 훈련시켜 해당 기술을 법 집행 기관에 판매했다는 기사가 최근에 나왔다. IBM도 사용자들의 분명한 허락을 구하지 않고 플리커flicker에 올라온 사진을 이용해 얼굴 인식 앱을 훈련했다고 한다. 사용자가 많은, 팝슈가PopSugar의 '트위닝Twinning' 앱은 실수로 개인정보를 유출했다. 최신 기술 덕에 입소문을 타고 인기가 오르고 있는 페이스앱FaceApp 역시 빈틈없는 개인정보 보호 정책은 채택하지 않고 있다. 하지만 이런 앱은 너무 재미있기 때문에 이 문제를 깊이 고민하는 사람은 아무도 없는 것 같다. 개인정보보다는 재미가 우선인 것이다. 페이스앱의 개인정보 정책에는 앱을 이용해 생성한 사진 외에도 사용자의 정보와 검색 기록 등을 함께 수집한다고 적혀 있다. "당사 앱은 귀하가 방문한 웹페이지, 추가, 기타 정보를 포함해 자사 서비스 향상에 기여할 수 있는 정보를 귀하의 장치나 자사 서비스에서 수집합니다." 그리고 "당사는 페이스앱 외부의 그 어떤 단체나 기관에도 귀하의 정보를 대여하거나 판매하지 않을 것입니다"라고 하지만 표적 광고를 제공하기 위해 페이스앱이 아닌 '제3의 광고 파트너'와 정보를 공유한다는 사실을 분명하게 밝히고 있다.

스마트폰 같은 똑똑한 기기는 우리가 지시를 내리지 않을 때에도 우리 말을 '듣고 있다'는 이야기가 자주 들린다. 하지만 그것은 뜬소문으로, 그렇지 않다는 사실은 입증이 되었고, 그 주장은 틀렸음이 밝혀졌다. 사이버 보안 분야의 연구자들이 최근 데이터 사용량을 조사하는 일련의 실험을 진행했고, 스마트폰들이 실험실의 소리에 '귀를 기울이지' 않는다는 결론을 내렸다. 사람들이 말하는 내용과 사람들을 목표로 하는 광고가 맺는 관계는 모두 광고를 제공하는 회사가 수집한 우리에 관한 어마어마한 양의 데이터와 놀라울 정도로 정확한 AI의 예측 능력과 성능 좋은 추천 알고리즘이 만들어낸 결과다. 나로서는 스마트폰과 광고업자들이 우리가 하는 말을 듣는 것이 더 걱정인지, 광고업자들이 우리가 하는 말을 듣지 않아도 우리가 원하는 것을 예측할 수 있다는 것이 더 걱정인지는 잘 모르겠다. 어느 쪽이든 사생활 침해처럼 느껴진다. 여기서 중요하게 생각해봐야 할 점은 당신의 개인정보만으로는 강력한 힘이 될 수 없다는 것이다. 그 힘은 당신의 정보를 다른 사람들의 정보와 함께 AI 시스템 훈련에 사용했을 때 생겨난다. 이는 AI 시스템이 단순히 정보를 가지고 있어서가 아니라 정보를 이용해 사용자의 반응 방식을 예측하려고 하기 때문에 사생활을 침해할 수 있다는 뜻이다. 앞으로 도입될 수도 있는 기술에 관해서는 이 점을 분명하게 인지할 필요가 있다. 예를 들어 어떤 앱은 사용자가 스마트폰을 들여다보는 동안 스크린샷을 찍어 광고주에게 보낸다는 연구 결과들도 있다. 좀더 강력한 규제가 시행되기 전까지는 광고주가 우리를 고객으로 확보하기 위해 어떤 일까지 할 수 있는지를 예측할 수 없다.

개인정보 보호 문제에는 오랫동안 결론을 내리지 못하고 있는 논쟁이 있다. 사생활 보호와 대중의 안전 사이에 어떻게 균형을 잡을 것인가 하는 문제 말이다. 첨단 기술을 다루는 대기업들은 기업에서 제공하는 메시징 서비스에 온라인 암호화end-to-end encryption를 적용하려고 애쓰고 있다. 합법적인 수사를 할 때도 통신 내용을 들여다볼 수 없는 가장 막강한 수준의 보안을 적용하려는 것이다. 그에 맞서 영국과 미국 같은 서방 국가 정부는 이런 기술에 접근할 수 있는 '뒷문'을 열어두어야 한다는 캠페인을 벌이고 있다. 정부는 테러, 아동 학대, 착취 같은 중대한 범죄를 수사할 때는 개인 간 사적인 대화를 들여다볼 필요가 있다고 말한다. 얼핏 들으면 그럴듯한 이유 같지만 이런 주장 또한 이 기술을 제대로 이해하지 못한 것이라고 미국시민자유연맹(ACLU)의 수석 법률 자문 니마 싱 굴리아니Neema Singh Guliani는 말한다. "미국, 오스트레일리아, 영국 정부를 위해 문을 열면 북한이나 이란을 위해 우리 정보를 훔쳐가려는 해커에게도 문이 열릴 겁니다."

위험 6 이롭게 쓰이도록 프로그램된 AI가 우리를 아프게 한다

의료 분야에서는 다양한 이로운 연구에 AI를 점점 더 많이 활용하고 있는데, 이에 관해서는 AI로 얻을 수 있는 보상을 이야기할 때 더욱 자세하게 알게 될 것이다. 의료 분야에서 AI를 활용할 때 생길 수 있는 위험은 모든 사람을 대표하는 데이터로 훈련을 받지 않으면 특정 사람들을 더욱 병들게 할 수 있다는 것이다. AI를 진단에 활용할 때는 훨씬 심각한 결과를 불러올 수도 있다. 예를 들어 증상이 아주 미묘한 심장마비의 경우 남성의 증상만을 인지하도록 AI를 훈련한다면 전체 인구의 절반인 여성이 심장마비를 피하지 못하고 죽음을 맞을 수도 있다.

왜곡된 데이터는 특히 유색인 여성과 산모의 건강을 크게 위협할 수 있다. 현재 많은 회사에서 임신 중 심각한 합병증을 일으킬 수 있는 고혈압이나 임신중독증* 같은 질환의 예측률을 개선하려고 AI를 활용하는 방법을 개발하고 있다. 겉으로만 보아서는 이런 노력은 오롯이 선하고 좋은 일 같다. 하지만 의료 데이터는 모든 여성을 대표하지 않을 때가 많으며, 의료계가 모든 사람을 동등하게 치료하는 것도 아니다. 예를 들어 미국에서는 교육 수준이나 사회·경제적 지위에 상관없이 흑인 산모의 사망률이 백인 산모의 사망률보다 훨씬 높다. 이는 사회에 만연한 조직적이고도 제도적인 인종차별이 낳은 결과다. 따라서 AI가 왜곡된 데이터를 이용해 의사결정하는 방법을 학습한다면, 데이터의 편향성(인종차별, 편견, 사회적 차별 같은)이 결과에 반영되고, 기존 편향이 영구적으로 고착될 것이다. 편향이 나타나는 분야가 의료 분야라면 그 결과는 사람들의 생사에 직접 영향을 미칠 수도 있다.

위험 7 AI가 우리를 보호한다고 주장하지만, AI는 우리의 복지를 해치는 새로운 위험을 만들어낼 수 있다

또 다른 위험은 근무 여건과 관계가 있다. 대규모 소셜미디어 플랫폼을 안전하게 운영하려면 플랫폼에 올라오는 콘텐츠를 제대로 관리해야 한다. 해롭거나 폭력적이거나 외설적인 영상이나 글을 재빨리 찾아내 태그를 붙일 AI 도구가 필요하다는 뜻이다. AI는 이 과제를 놀라울 정도로 잘 해냈다. 2019년에 핀터레스트Pinterest는 AI 기술을 도입한 뒤 자해 콘텐츠를 88퍼센트까지 줄

• 임신 중에 만들어진 독성 물질이 체내에 쌓여 나타나는 중독 증상.

일 수 있었다고 발표했다. 페이스북도 비슷한 결과를 냈다. 이 같은 AI 콘텐츠 관리 전략은 사람과 기술 양쪽 모두 승리하는 깔끔한 전략 같다. 하지만 앞에서 살펴본 것처럼 '자동화'가 100퍼센트 자동화를 의미하지 않는다는 점을 명심해야 한다. 기계학습은 일단 패턴을 인식한 뒤 분류 작업을 한다. 사진 한 장의 해로움을 판단하려면 해로운 콘텐츠가 어떤 형태라는 사실을 AI에게 알려주는 막대한 양의 사진이 필요하다. AI를 학습시키는 이 첫 번째 과정(해로운 사진을 입력하는 일)은 사람이 해야 한다. 다시 말하면 사이트 사용자에게 해로울 수도 있는 콘텐츠를 노출하지 않기 위해 어딘가에서 누군가는 끊임없이 보기 힘든 사진들을 보면서 작업해야 한다는 뜻이다. AI 시스템 뒤에서 사람이 하는 이런 작업을 보통 콘텐츠 관리라고 한다. 콘텐츠 관리를 하는 사람은 낮은 임금을 받으며, 스트레스를 많이 받아 외상 후 스트레스성 장애로 힘들어한다는 사실은 널리 알려져 있다. Verge.com이 진행한 조사에서 클로에라는 젊은 여성은 일주일에 5일 동안 근무하면서 매일 살인 장면이 포함되어 있을 수도 있는 극도로 잔인한 동영상 화면을 평균 400장면 정도 봐야 했다고 진술했다. 더욱 문제가 되는 점은 이런 일은 대부분 인건비가 저렴한 남반구 개발도상국 사람들에게 외주로 준다는 것이다. 콘텐츠 자동 관리는 사용자의 복지를 위한 아주 중요한 일이지만, 문제는 근로자의 복지가 그 대가로 희생되고 있다는 점이다.

게다가 콘텐츠 관리가 언제나 사용자의 이익을 대변하는 것도 아니다. 국가 수장과는 다른 목소리를 내는 사람들을 추적하고 억제하기 위해 AI를 이용하는 나라도 있다. 국가 정책에 반대 목소리를 내는 사람들을 온라인으로 감시하고 적발하는 데 활용하는 것이다. 너무나도 디스토피아적이고 우리의 현실과는 먼 얘기처럼 들릴 수도 있지만, 실제로 전 세계에서 이런 일이 일어나고 있다. 나는 이 사실을 틱톡에서 메이크업 강좌를 하는 한 여성을 보면서 깨달았다. 그 여성은 속눈썹을 위로 올리는 법을 보여주면서 동시에 자기 나라의 억압적인 정부 때문에 두렵다는 사실을 호소했고, 도움을 요청하고 있었다. 도움을 요청해야 할 순간과 화장을 해야 할 순간을 정확하게 알고 있던 그 여성은 AI 시스템이 자신의 의도를 파악하지 못하도록 화장하는 자세가 정확하게 일치하도록 완벽하게 행동하며 정치적 발언을 하고 있었다. 그 여성은 아름다움과 용기를 동시에 보여주었다.

위험 8 AI가 사람보다 더 똑똑해질 수 있다

맞다. 이것이 우리 사회에서 가장 크고 강력한 목소리를 내는 거물(남자)들이 그들의 플랫폼을 활용해 탄식하는 가장 큰 걱정거리다. 슈퍼지능이라고도 불리는 일반 인공지능(AGI)은 인류를 말살할 수 있는 존재로 묘사될 때가 많다. 그런 걱정을 하는 사람들은 우리가 슈퍼지능을 가진 기계를 만들면 그 기계들이 프로그래머를 무시하고 사람들을 파괴할 것이라고 주장한다. 그런 기계가 지향하는 목표에서 사람은 기껏해야 불필요한 잉여물이거나 최악의 경우 위협으로 간주될 것이기 때문이라고 그들은 말한다. 일론 머스크 같은 유명 인사나 스티븐 호킹Stephen Hawking 같은 학자들이 AGI가 불러올 끔찍한 결과라는 이야기에 추임새를 더한다. 사람이 '애완동물이나 애완동물의 사료'가 될 수 있다는 주장이다.

케이트 크로퍼드Kate Crawford는 메러디스 휘태커Meredith Whittaker와 함께 뉴욕대학교 AI나우연구소AI NOW Institute를 설립했으며, 공동 소장으로 재직하고 있다. AI나우연구소는 세계 최초로 인공지능의 사회적 함의를 연구하고 있는 대학 기관이다. 케이트는 AGI 문제도 삶의 질에 관한 문제라고 했다. 이 장에서 살펴보겠지만 이미 많은 사람에게 AI는 '살아볼 만한 삶liveable life'(페미니스트 작가 주디스 버틀러에게서 빌려온 용어다)을 심각하게 방해하는 존재다. 『뉴욕 타임스*The New York Times*』에 케이트가 기고한 글처럼 "현재 슈퍼지능의 위험 가능성을 가장 큰 소리로 부르짖으며 활발하게 논쟁하는 사람들은 부유한 백인 남성이며, 그들에게 가장 큰 위협은 인공지능이 최상위 포식자로 부상할 수 있다는 점이다. 그러나 소외와 편견의 대상인 사람들은 이미 그 위협에 직면하고 있다". 나는 케이트의 의견에 동의한다. 실존적 위험에 집중하는 것보다는 현재 AI가 어떻게 구축되고 있는지를 고민하는 것이 훨씬 더 중요하다.

여기서 한 가지 더 명심해야 할 내용은 기술을 이끄는 연구원들조차도 AGI가 실현 가능한가에 대해서는 의견이 일치하지 않는다는 점이다. AGI를 구현하려면 기본적인 기술적 제약을 열 두 개나 뛰어넘어야 하며, 장애물 하나를 뛰어넘는 데는 5년에서 45년이라는 시간이 걸릴 것이라는 데 대부분 동의한다. 하지만 AGI 실현에 걸리는 시간에 대해서는 150년 정도라고 말한 사람이 가장 많았고, 앞으로 50년 안에 가능하리라고 생각하는 사람도 조금 있었다. 그보다 더 빠르게 실현되리라고 예상하는 사람도 그보다는 더 조금 있었지만 누구도 확실하게 말하지는 못했다.

딥마인드의 CEO이자 설립자인 데미스 하사비스는 '지능 해결하기solve intelligence'라고 묘사되는 임무를 수행하고 있다는 점에서, AGI에 관해서는 여러 의미로 나의 현인이라고 부를 수 있는 사람이다. 그가 보기에 AGI에 대한 대중의 지나친 두려움은 단기적으로 봤을 때 AGI의 엄청난 잠재력을 보지 못하게 만들며, 특히 장기적으로 봤을 때는 근본적으로 완전히 잘못된 것이다. "아직 사람과 비슷한 수준의 인공지능을 개발하는 데도 수십 년이 걸릴 겁니다. 우리는 지금 사다리의 첫 번째 가로대에 올라와 있습니다. 우리는 게임을 하고 있는 거죠." 하사비스의 말이다.

위험 9 AI를 전투용으로 프로그램한다

인류의 역사에서는 늘 그래왔듯이 무기 확장 경쟁이 엄청난 기술혁신을 불러온 경우가 많았다. 전쟁의 역사에서 2차 세계대전과 우주 경쟁이 그 예다. 하지만 AI 무기는 완전히 새로운 괴물이다. 이 괴물이 불러올 수 있는 참사의 규모와 형태는 완전히 다를 것이다. 지금도 AI를 장착한 무기는 나와 있다. 가장 익숙한 무기는 드론이다. 하지만 자동화 무기는 일단 작동하면 사람의 추가 개입 없이 목표물을 선택한다. 그렇다면 우리는 이런 질문을 해야 한다. 작동하기 시작한 AI를 어떻게 멈출 것인가? 누가, 어떤 목적으로 AI를 프로그램할 것인가?

AI 무기를 만들어야 하는 이유를 내세우는 주장들이 있기는 하지만(AI 무기가 있으면 사람들이 직접 전쟁터에 나가지 않아도 된다는 것도 그런 주장 가운데 하나다), AI를 다루는 거물들은 이 문제를 크게 우려해 자율 공격이 가능한 무기를 개발하거나 기획하지 않겠다는 성명이나 합의를 발표했다. 구글 직원들이 회사의 비윤리적 행위에 반대해 대규모 시위와 파업을 벌이자, 구글은 2018년에 자율 무기 개발을 금지했고 미국 국방부와 계약을 갱신하지 않았다. '기술은 AI 무기를 만들지 않는다(#TechWontBuildIt)'는 대규모 캠페인의 일환으로, 아마존과 구글의 직원들이 사용하는 해시태그다. 전쟁 프로젝트에는 참여하지 않겠다는 거부의 표현이다. 최근에는 미국 이민세관단속국의 정책에 반대한다는 의사 표현으로도 쓰인다. 이는 AI가 불러올 수 있는 위협을 인지하고 있고 AI의 위협을 규제할 방법을 가장 잘 알고 있는 모든 기술 산업계의 노동자들이 아래에서부터 목소리를 높이고 활동하는 것이 얼마나 중요한지를 잘 보여주는 사례다.

위험 10 국제적인 경쟁은 나쁜 결정을 내리게 할 수 있다

핵무기 경쟁에서도 그랬듯이 나라마다 윤리·정치·문화 규범이 서로 다른 상황에서는, 한 나라가 다른 나라에서는 안전하지 않다고 생각되거나 적절하지 않다고 여겨지는 방식으로 AI를 개발할 수 있다는 실질적인 위험이 존재한다. 그렇기 때문에 AI 경쟁에서 우위를 차지하기 위해 국제 절차를 무시하고 위험한 결정을 내리는 나라들이 있을 수 있다. 그런 일이 어떻게 가능한지를 생각해보기 위해서는 이 세상에 존재하는 여러 중심 지역이 인터넷을 상상하고 정의하는 방식을 고려해보는 것이 좋겠다. 웬디 홀과 키에론 오하라Kieron O'Hara가 『파이낸셜 타임스*Financial Times*』에 기고한 글에서 두 사람은 미래에 인터넷은 적어도 네 가지 형태로 서로 경쟁할 것이라고 했다. 두 형태는 미국에서 존재할 것이다. 실리콘밸리는 데이터의 흐름에 아무런 제약도 없는 오픈 인터넷을 추구할 것이며, 미국 정부는 그와는 정반대 형태인 상업화된 인터넷을 추구할 것이다. 미국의 바깥세상에서는 유럽연합이 자유를 보장하면서도 규제가 필요하다는 인식 아래 인터넷을 운영할 것이다. 그에 반해 중국은 인터넷을 공공의 이익에 봉사하는 도구로 규정할 것이다. 이는 중국 정부가 데이터의 흐름을 제어함으로써 엄격하게 관리할 것이라는 뜻이다. 이 주제는 너무나도 복잡해서 많은 사람이 책 한 권을 모두 할애해 자세하게 다루었다. 뒤에 실은 참고 자료에서 그런 책들을 찾을 수 있다.

무엇이 이런 위험을 불러오는가

앞에 제시한 위험들을 물리치려면 이런 위험이 생기는 이유를 제대로 이해하는 것이 중요하다. 각각의 위험을 일으키는 원인을 정확하게는 알 수 없지만, 이 위험들은 AI 공동체에서 합의한 우려 사항이므로 다양한 원인을 이해하려는 노력은 진정 가치가 있다.

AI의 위험을 불러올 수 있는 원인은 아주 많다. 여기서는 특히 걱정되는 여섯 가지 원인을 살펴보려고 한다. 그중 하나는 기술과 관계가 있으며, 나머지 다섯 가지는 부족한 대표성과 관계가 있다. 각 원인을 살펴보기 전에 분명히 강조해서 말하고 싶은 것은 이 다섯 가지가 뚜렷하게 구별된 별개로 존재하는 것은 아니라는 점이다. 서로가 서로를 부추기거나, 강화하거나, 심지어 서로의 발생 원인이 되기도 한다. 이런 연관성으로 인해 개별 원인이 다양한 효과를 일으키기도 하고, 모든 원인이 한데 합쳐져 총체적으로 한 가지 효과를 일으키기도 한다. 그렇게 AI는 위험한 존재가 될 수 있다.

다시 말해서 특정한 집단이 AI로 인한 피해를 집중적으로 받을 수 있다. 초기 데이터를 설정할 때부터 AI 개발의 모든 단계에서 해당 집단이 조직적으로 배제되거나 코더나 프로그래머, 감독관의 역할도 할 수 없기 때문이다. 이 같은 상황은 편향과 혁신이라는 완벽한 조합을 만든다. 이 책에 등장하는 많은 사람이 이에 관해 이야기할 테지만, 여기서는 일단 몇 가지만 추려서 살펴보고자 한다.

원인 1 편향된 데이터 세트

1장에서 살펴본 것처럼 AI 시스템의 힘은 엄청난 양의 데이터를 분석하는 데 있다. AI 시스템은 이 데이터 정보를 이용해 패턴을 찾고 엄청나게 빠른 속도로 링크를 생성한다.

AI 시스템이 처음 등장했을 때는 AI가 사람의 편견을 배제할 수 있으리라고 생각했다. AI의 결정에 사람이 관여하지 않을 테니 말이다. 예를 들어 AI 고용 알고리즘을 활용하면 여성과 남성이 직업 전선에서 동등한 고용 기회를 얻을 수 있을 것이라는 주장이 많이 들렸다. 왜냐하면 기계는 사람을 피부색이나 성별, 사는 지역을 기반으로 평가하지 않을 것이라 믿었으니까. 하지만 그 주장은 틀렸음이 밝혀졌다. 기계는 그저 주어진 데이터를 기반으로 결정하는 법만을 학습하기 때문이다. 따라서 기계에 입력할 데이터를 언제나 반드시 점검해야 한다.

우리는 AI가 객관적일 거라고 생각한다. 내부에서 어떤 일이 벌어지고 있건 간에 그 과정은 수학일 테고, 수학은 숫자이며, 숫자는 인종차별주의자가 아닐 테니까. 안 그런가? 하지만 우리가 AI에 입력하는 숫자와 명령어가 편향적이라면? 앞에서 우리는 기계가 학습하는 데이터는 편향될 수도 있음을 보았다. 데이터 세트도 편향될 수 있으며, 데이터를 작업하는 사람조차도 편향되어 있을 수 있다. 심지어 스스로는 의식하지 못하는 사이에 마지막 코드에 편향이라는 두 번째 층을 심어놓을 수도 있다. 테드 강연에서 캐시 오닐이 말한 것처럼 "알고리즘은 코드에 심어놓은 견해다".

원인 2 기술 산업계 종사자의 다양성 부족

구글 검색창에 '남자와 기계man and machine'라는 검색어를 입력하면, 화면에는 온통 로봇과 악수하는 남자들 사진이 뜰 것이다. 남자와 기술의 관계를 극찬하기 위해 미켈란젤로의 「천지창조」를 패러디한 모습들이다. 그럼 이제 '여자와 기계woman and machine'를 검색창에 입력해보자. 섹시하게 세탁기를 어루만지고 있는 여자들 사진을 잔뜩 보게 될 것이다. 정말로 뒤틀린 상황 아닌가?

슬프게도 미국과 영국의 기술 산업계는 여전히 남성들이 점유하고 있으며, 수십 년 동안 백인 남성 중심의 프로그래밍은 거의 통제를 받지 않았다. 이런 검색 결과들은 그저 현재 상황만을 반영하고 있을 뿐이다. 이 상황은 우리 사회가 여성들에게 '이 세상에서 여자들은 특정한 위치에 머물러야 한다'라고 믿게 만드는 양육 방식과 많은 관계가 있다. 성별에 따른 역할과 위치의 고착화는 어렸을 때부터 시작된다. 세 살쯤 되면 아이들에게서는 '여자'와 '남자'를 구별할 수 있는 행동 패턴이 나타나는데, 이런 차이는 장난감 가게에서 여자아이의 장난감은 분홍색, 남자아이의 장난감은 파란색으로 진열해놓는 것처럼 간단하지만 상당히 굴

욕적인 방식으로 아이들을 나누기 때문에 나타난다. 워싱턴대학교 학습뇌과학연구소는 여섯 살이 되면 아이들은 이미 여자아이보다 남자아이가 프로그래밍과 로봇 과학에 더 재능이 있다고 믿게 된다는 연구 결과를 발표했다. 이런 믿음은 기술적으로나 신체적으로 당연히 진실이 아니므로 이 사회에는 내재적인 성차별이 있음을 보여준다.

성 편향은 단독으로 일어나지 않고, 언제나 인종, 계층, 성 성향, 재능 문제와 함께 일어난다. 지금까지 살펴본 것처럼 초창기 컴퓨터 프로그래머 중에는 여성이 많았지만, 개인용 컴퓨터가 수익성 높은 사업으로 자리 잡으려고 하자 기술 세계는 여성들을 주변부로 밀어냈다. 차별과 성희롱은 여성들을 실리콘밸리에서 밀어냈으며, 많은 여성이 기술 산업에 진입할 수 없게 막았다. 2017년 와이즈Wise(구 트랜스퍼와이즈) 보고서는 영국의 경우 이공계 분야에서 학위를 받는 여성은 전체 학위자의 23퍼센트에 불과하다고 발표했으며, 라이브퍼슨LivePerson의 연구 결과는 미국에서 무작위로 1000명을 뽑아 질문했을 때 기술 분야에서 유명한 여성의 이름을 말할 수 있는 사람은 전체 응답자의 8퍼센트뿐임을 보여준다. 그 8퍼센트 중에서도 절반은 시리나 알렉사라고 대답했다!

AI의 경우에는 통계 결과가 훨씬 나쁘다. 영국 혁신재단 네스타Nesta는 2019년에 AI 연구의 성별 다양성에 관해 대규모 분석 결과를 발표했다. 보고서에 따르면 AI 기술 연구 논문을 발표한 저자 가운데 여성은 13.8퍼센트에 불과했다.

원인 3 AI는 블랙박스다

데이터 과학자들은 AI 시스템이 세상을 해석하는 과정의 이면에서 일어나는 일에 사실상 접근하지 못한다. 그렇기에 흔히 AI의 해석 과정을 '블랙박스'라고 부른다. AI가 세계를 해석하는 과정이 숨겨져 있기 때문에 특정 결론에 이르게 한 데이터가 평등하지 않았다거나 편향적이거나 차별적이었는지를 확인하는 일은 특히 어렵다. AI 시스템은 독점적이라는 특성이 있기 때문에 AI가 데이터에 접근하는 과정을 조사할 방법이 거의 없다. 이런 식으로 편향의 근원을 숨김으로써 AI 시스템은 이미 구조적으로 존재하는 불평등을 공고히 하고 심화하는 동시에, 그런 불평등을 관찰하기 어렵게 만들고 깨뜨리지 못하게 다진다. 이는 후드를 절대로 열지 못하는 자동차를 모는 것과 같다. 7장에 나올 잔드라 바흐터는 이 문제를 자세하게 설명하면서, AI 공동체가 이런 문제를 해결하기 위해 사용하는 방법 몇 가지를 차근히 이야기해줄 것이다.

원인 4 궁극적인 책임감의 결여

앞에서 살펴본 모든 위험을 생각해보고, 무언가 잘못됐을 때 그 잘못은 누가, 어떻게 책임져야 할지 고민해보자. 아마도 다소 복잡한 문제임을 알 수 있을 것이다. AI의 가장 중요한 본질은 자율성이므로 어떤 행동을 무엇 때문에 했는지를 알기 힘들다. 그렇기에 AI 시스템이 사람들에게 해로운 행동을 했을 때 제품을 만든 기술자들이 자기 자신이 아니라 기술을 탓할 수 있는 것이다.

자율 주행차를 생각해보자. 자율 주행차가 완전히 자의로 아주 빠른 속도로 고속도로에서 벗어나 충돌한다는 결정을 내렸다고 해도(물론 충돌을 예견하고 예방 조치를 취하는 쪽을 더 선호하겠지만) 정의를 실현하겠다고 이 자율 주행차를 법정에 세우지는 못할 것이 분명하다. 법률 입안자들은 현재 이런 사고가 났을 때 책임을 누구에게 지울 것이냐는 문제를 두고 골치를 앓고 있다. 사고가 나면 도대체 누구를 '책임질 운전자'로 보아야 하는가?

AI 알고리즘은 엄청난 양의 데이터를 사용해야만 만들 수 있다. 그렇다면 비난은 어디로 돌려야 할까? 도로에 관한 데이터를 수집한 사람들을 비난해야 할까? AI가 패턴을 파악하고 달리는 법을 훈련할 수 있는 수학을 세운 공학자들을 비난해야 할까? 자사 제품에 AI 시스템을 도입한 자동차 제조사를 비난해야 할까? 자율 정책을 따르도록 결정한 회사 책임자를 비난해야 할까? 자동차 소유주를 비난해야 할까?

내 의견은 AI를 만들기로 결정을 내렸고, 그 AI를 고객에게 판매해도 좋다고 승인한 경영진이 책임을 져야 한다는 것이다. 그런 기업과 경영진이 책임질 수 있도록 법을 바꿔야 한다. 조직 전체가 결과를 책임져야 한다면 기업은 훨씬 엄격하고 더욱 강건한 과정을 따를 테고, 결국 훨씬 안전한 장치를 마련할 수 있을 것이다.

새로운 기술이 직면하는 문제는, 특히 AI가 갖는 문제는 규제 기관과 정부가 혁신 속도를 따라잡기 어렵다는 것이다. 그렇기 때문에 우리는 완벽하게 보호받지는 못한다고 해도 최대한 인지는 할 수 있도록 사람들에게 그 파장을 반드시 이해시켜야 한다.

원인 5 디지털 격차

다양성이 부족하다는 것은 단지 그 분야에서 누가 일하고 있는가의 문제가 아니다. 그것은 AI로 만드는 새로운 기술에 접근하고 이용할 수 있는 사람들이 누구인가 하는 문제이기도 하다. 빈곤과 나이는 디지털 기술에 대한 접근성을 결정하는 예측 변수인데, 이로 인한 불평등을 디지털 격차라고 부른다. 현재 소득 격차가 점점 더 벌어지고 있고 노인 인구가 증가하고 있는 상황에서, 디지털 격차는 시급하게 해결해야 할 문제다.

다른 많은 원인처럼 디지털 격차도 순환 문제다. 소외된 사람들은 새로운 기술로 이득을 얻을 수 없을 뿐 아니라 이 사람들에 대한 자료나 이 사람들의 필요에 대한 자료를 모은 데이터 또한 존재하지 않기 때문이다. 데이터의 부재로 인해 소외된 사람들의 삶을 개선할 수 있는 제품은 만들어지지 않고, 디지털 격차는 더욱 커진다. AI 시스템은 기존에 존재하는 불공정을 반영하는 동시에 부유한 사람들과 소외 계층 간의 격차를 더욱 벌린다. 디지털 격차를 완전히 해소하려면 새로운 제품과 서비스를 개발하기 전에 이런 격차가 있음을 이해하고 이 차이를 해결하는 과제를 수행해야 한다.

이런 문제들을 피하려면 AI 공동체는 무슨 일을 해야 할까?

AI 공동체는 앞에서 살펴본 위험들을 그대로 방치할 수는 없으며, 기계의 중립성 같은 건 없다는 것도 안다. 우리가 기계에 계속 암호화된 불평등을 심어놓는다면, 여성, 특히 유색인 여성에 대한 차별은 점점 더 심화될 것이다. AI 공동체에게도, 기술 산업계 바깥에 있는 사람들에게도 앞으로 중요한 것은 경각심일 것이다. 하지만 기계의 편향을 극복하는 방법은 있으며, 모든 단계에서 투명성과 책임감을 높여달라고 요구하는 것이 가장 중요하다. 이에 관해서는 7장에서 좀더 자세하게 다룰 것이다. 첨단 기술을 다루는 기업들이 언제까지고 상업적인 이유를 들어 지능 시스템이 작동하는 방식을 숨길 수는 없을 것이다. 작동 방식을 공개적으로 드러내야지만 무언가 잘못되기 시작했을 때 그 사실을 발견하고 바로잡을 수 있다. 6장에서는 바흐터가 이 내용을 좀더 자세하게 설명해줄 것이며, 7장에서는 규제만 기다릴 것이 아니라 우리가 직접 이 문제를 해결할 수 있는 실질적인 방법 몇 가지를 알려줄 것이다. 지금은 일단 AI 공동체가 이미 시행하고 있는 방법을 먼저 알아보자.

설명 가능성 도구

앞에서 살펴본 블랙박스 문제를 기억하는가? AI 공동체 내부에서는 설명 가능성 도구explainability tools를 사용해 이 문제를 해결하려고 시도하고 있다. 설명 가능성 도구는 알고리즘을 만드는 사람들이 기계가 의사결정을 하는 과정에서 실제로 일어나는 일을 더 잘 이해할 수 있도록 투명성을 높이는 방법이다. 이는 왜 대출을 받을 수 없는지, 왜 채용되지 못했는지를 알고 싶을 때 해당 조직이나 기업에 문의해 그런 의사결정을 내리게 한 요인이 무엇인지 알아볼 수 있는 방법이기 때문에, 소비자에게는 도움이 된다.

GDPR 같은 규제

2018년 영국에서는 개인정보 보호 규정General Data Protection Regulation(GDPR)이 발동됐다. GDPR은 인터넷상에서의 데이터 권리를 규제하는 유럽 개인정보 보호법이다. 이 법이 중요한 이정표인 이유는 1995년의 인터넷 환경을 반영하고 있는 낡은 법을 대체했기 때문이다. 1995년은 내가 처음으로 클리피를 이용해 워드Word를 탐색했던 시절이다. 하지만 우리 대부분은 GDPR이 기업의 권리뿐 아니라 개인의 데이터 권리를 얼마나 많이 보호할 수 있는지를 깨닫지 못하고 있다. 사업계가 인터넷을 사용하는 방식과 우리 일상에서 데이터와 데이터를 공유하는 역할이 너무나도 많이 바뀌었기 때문에 새로운 GDPR은 기업이 우리의 데이터를 가지고 할 수 있는 일에 대해 더 많이 규제할 수 있게 하며, 기업이 사용하는 개인 데이터에 접근하고 그것을 통제할 수 있는 개인의 권리를 더욱 확장해준다. 개인의 데이터를 가지고 할 수 있는 것과 할 수 없는 것을 선택하도록 해 개인정보를 보호하는 이런 확장된 조치는 사안에 따라 유럽연합 내에서 수집한 데이터를 유럽연합 밖에 있는 조직이 사용하는 경우에도 적용할 수 있다. GDPR은 개인정보를 처리하는 기업이 여섯 가지 데이터 처리 원칙을 지킬 것을 요구한다. 이 여섯 가지 원칙은 기업을 위한 것이 아니라, 개인인 우리를 위한 것이다. 나는 이 조치들이 온라인에서 이루어지는 우리의 일상과 업무에 어떻게 영향을 미치는지를 알려주고 싶다. GDPR이 발동된 뒤에 너무나도 많이 잊힌 사실은 이 법률이 우리를 위한 승리라는 점이며, 우리가 어느 정도는 데이터 자아를 안전하게 지킬 수 있는 방법이 있다는 것이다. 내가 '어느 정도'라고 표현하는 것은 GDPR이 AI를 이용해 데이터를 근거로 내린 결정들로부터 우리를 보호하는 데는 충분히 안전한 방법이 아니며, GDPR은 아직도 검토해야 할 대상이기 때문이다.

8장에서 행동 방침에 관해 다룰 때 보겠지만, 우리가 다른 방법들을 시도해볼 수 있는 근거가 되는 여덟 가지 핵심 권리가 있다.

1. **데이터 처리 관련 정보를 제공받을 권리** | 기업들은 우리에게 수집해간 정보가 무엇인지 알려야 한다.
2. **열람 요청 권리** | 한 기업이 이미 보유하고 있는 개인정보를 당사자가 다운받을 수 있어야 한다.
3. **정정 요청 권리** | 틀린 개인정보를 수정할 수 있어야 한다.
4. **삭제 요청 권리(잊힐 권리)** | 자신의 데이터를 지울 수 있어야 한다.
5. **데이터 처리 제한 요청 권리** | 데이터를 공유하고 분석하는 방법을 제한할 수 있어야 한다.
6. **데이터 이동 권리** | 자신의 개인 데이터를 복사하고 이동할 수 있어야 한다.
7. **처리 거부 요청 권리** | 어떤 경우에는 수집할 수 있는 개인정보를 제한할 수 있어야 한다.
8. **자동 프로파일링 및 활용에 관한 결정 권리** | 컴퓨터가 한 개인과 관련해 자동으로 의사결정을 내린다면, 그 개인에게는 특별한 권리들이 생긴다.

이제는 이런 규제에 관해 좀더 잘 알게 되었으니, 그 밖에도 더 포함되어야 할 권리와 규칙을 고민해보자.

규칙, 기준, 규약

정부 차원의 대응 외에도 공식 기관과 비공식 기관들이 서로 머리를 맞대고 AI에 대한 새로운 규칙과 기준, 규약 들을 만들어가고 있다. 2017년부터 이런 활동은 좀더 자주, 좀더 급박하게 이루어지고 있다. 한 예가 오톨린 레이저Ottoline Leyser와 지네브라 리처드슨Genevra Richardson이 이끄는 왕립학회와 영국 학술원British Academy이 발표한 보고서 「데이터 관리와 이용: 21세기의 관리 체제Data Management and Use」이다. 이 보고서는 우리가 머지않아 함께 살게 될 지능형 기계를 관리하려면 아주 중요한 한 가지 원칙이 필요하다고 말한다. 그 원칙이란 '사람이 번영해야 한다'는 것인데 분명히 이치에 맞는 원칙이다. '사람이 번영해야 한다'라는 문구는 상상의 여지를 많이 남기는 표현으로, 번영이 어떤 의미를 갖느냐는 개인과 사회가 어떤 합의에 도달하느냐에 따라 상당히 달라질 것이다. 보고서 저자 가운데 한 명인 클레어 크레이그Claire Craig는 저자들은 오직 서구 중심적이고 개인적인 번영이라는 개념에서 벗어나기를 원한다고 했다. 보고서는 AI를 설계할 때는 사람을 중심에 두어야 한다고 했다. 특히 인간이 반드시 이런 기계를 통제할 수 있어야 한다는 생각을 하게 해야 한다고 했다. 그러면서 사람의 번영을 촉진할 수 있는 고차원적인 네 가지 원리를 제안하는데, 나는 그 제안들이 사람이 AI와 관계를 맺을 때 기본적으로 고려해야 할 원칙이라고 생각한다.

네 가지 원리는 다음과 같다.

- 개인 및 집단의 권리와 이익을 보호해야 한다.

- 투명성, 책임성, 포괄성을 보장해야 한다.
- 좋은 사례를 찾고, 성공과 실패를 통해 배워야 한다.
- 이미 존재하는 민주적 관리 체제를 강화해야 한다.

AI 공동체에서 이런 보고서들은 선한 힘으로 작용해왔다. 예를 들어 닷에브리원Doteveryone은 여러 분야에 걸쳐 AI를 개발할 때는 책임을 규범으로 정하려고 애쓰고 있으며, 파트너십 온 AIPartnership on AI는 비영리단체와 민간 부문 지도자들을 한데 모아서 AI 기술에 대한 모범 실무*를 세우려고 노력하고 있다. 이런 노력에 더해 많은 회사가 개별적으로 자신들이 만드는 AI가 사람들을 대체하지 않고 도울 수 있도록 내부 규정과 기준을 마련하고 있다. 이에 대해서는 7장에서 닷에브리원의 창립자 마사 레인 폭스가 설명해줄 것이다.

휴먼 인 더 루프

휴먼 인 더 루프Human in the Loop(HITL)는 의사결정 과정의 어느 지점에서는 반드시 언제나 사람이 중요한 역할을 할 수 있도록 AI 시스템을 구축하는 방법이다. 이 시스템에서는 어떤 결과를 내건 간에 반드시 사람과 기계가 함께하는 단계들을 거쳐야만

* 소정의 목표를 달성하는 데 적절하고도 효과적인 수단이라는 것이 경험과 연구를 통해 입증되어 널리 인정받는 절차나 지침.

결론에 이른다. 내가 강조하고 싶은 점은 이런 시스템에서는 처음과 끝이 있는 직선 경로가 아니라 고리 경로로 작업을 처리한다는 것이다. 다시 말해서 HITL 시스템에서 사람은 끊임없이 시스템의 피드백을 받고, 시스템은 사람의 피드백을 받는다.

HITL을 설명하는 가장 간단한 방법은 이미지를 분류하는 것이다. 개와 고양이 같은 이미지 말이다. 먼저 사람들이 라벨을 붙인 원본 데이터를 만들면 기계가 이 이미지들을 학습해 고양이와 개의 생김새를 배운다. 그런 다음에 기계는 훈련한 데이터를 근거로 완전히 새로운 이미지들 속에서 개와 고양이를 분류해낸다. 기계가 분류해내지 못하는 이미지가 있으면 사람이 시스템에 개입해 그 이미지에 라벨을 붙인다. 새로 라벨을 붙인 구분하기 힘든 이미지로 기계가 다시 학습하면 이미지를 구별하는 능력이 향상된다. HITL을 이용한 사례는 아주 많고, 이미지 분류 같은 과제를 수행할 때 유용하게 활용할 수 있지만, 무엇보다도 HITL은 자동 조종 장치나 자율 주행차처럼 기계가 실수를 하면 치명적인 결과가 생길 수 있는 분야에서 가장 유용하게 쓰일 수 있다. 이에 관해서는 7장에서 해나 프라이가 더욱 자세하게 설명해줄 것이다.

노동 인력의 다양성

이 장에서 살펴본 '위험'에서 나는 AI의 편향과 차별을 만드는 한 가지 위험 요소가 다양성의 결여라고 했다. AI는 우리 모두에게 영향을 미치겠지만, 그 영향을 느끼는 정도는 개인의 경험과 사회적 위치에 따라 다를 테니, AI 공동체는 다양한 목소리가 AI 기술에 기여하고 논의를 주도할 수 있도록 장려해야 한다. 다행히도 AI 공동체의 일부에서는 노동 인력의 다양성을 높이기 위한 방법을 수행하기 시작했다. 예를 들어 남녀 구분 없이 고용할 수 있도록 입사 지원자의 이력서에서 성별 기입란을 삭제한 회사들도 있다. AI 분야에 종사하는 사람이 적은 지역 사회에서 무료로 코딩 수업을 진행하는 기관들도 많다. 무료 코딩 수업은 여성이나 유색인종, 사회적으로나 경제적으로 IT 기술을 배울 여건이 안 되는 사람들에게 기술 분야에 진출할 수 있는 기회를 제공한다. 5장에서는 앤마리 이마피돈의 사회적 기업 스테메츠Stemettes가 정확히 이런 일을 어떻게 하고 있는지를 살펴보고, 제스 웨이드Jess Wade의 입을 빌려 이런 교육 시스템에서 기술이 어떤 식으로 활용되고 있는지를 자세히 살펴볼 것이다.

공개 소스와 공개 데이터

이것은 AI가 작동할 수 있도록 기계에 입력하는 코드와 데이터는 누구나 접근할 수 있어야 한다는 원칙이다. 즉 회사나 조직, 연구팀에 속하지 않은 사람도 해당 콘텐츠를 이용하고 연구할 수 있게 허가받을 수 있다는 뜻이다. 외부 사람들이 콘텐츠에 접근할 수 있다면 코드에 심어진 오류나 편향을 추가로 발견할 수 있을 뿐 아니라 협업해서 AI를 설계할 수 있도록 장려할 수 있다.

많은 코딩 언어가 사용자 누구나 해당 언어를 개선하고 편집할 수 있는 공개 소스open source다.

공개 데이터open data란 데이터 세트를 공개하고 공표하기를 요구하고 기업이나 웹사이트에서 보유한 기반 데이터에 접근할 수 있게 허용해야 한다는, AI 현장의 움직임을 뜻한다. 예를 들어 최근에 구글과 페이스북은 당신이나 나 같은 독자적인 연구자들이 AI를 이용해 딥페이크 콘텐츠를 인식하고 걸러내는 방법을 찾을 수 있도록 딥페이크 동영상의 개방형 정보 열람 데이터베이스에 접근할 수 있게 했다. 공개 데이터에 관해 더 많은 내용과 데이터 소유권에 대한 태도를 개선하는 방법을 알고 싶다면 제니 테니슨Jeni Tennison이 운영하는 공개데이터연구소Open Data Institute를 방문해보자.

5장

인류의 든든한 협력자

AI를 이롭게 사용하는 법

나는 AI에게는 우리 삶의 질을 엄청나게 개선할 수 있는 잠재력이 있다고 믿는다. 지금까지는 AI를 제대로 관리하지 않으면 일어날 수 있는 일에 대해 살펴봤으니, 이제는 AI에게는 긍정적인 면도 많다는 사실을 강조하고 싶다. 내가 AI 세계에 열정을 가지고 AI의 이점을 실현하고자 노력하는 것은 바로 그 때문이다. 국제 앰네스티의 전 사무총장인 살릴 셰티Salil Shetty는 제네바에서 열린 제1회 공공선을 위한 AI 국제회의AI for Good Global Summit에서 우리에게는 미래가 있다고 말했을 때, AI의 장점들을 완벽하게 요약해 발표했다.

> AI의 어마어마한 힘과 잠재력은 평등과 자유, 정의를 격상하며, 인류의 선을 위해 사용될 것입니다. 그 미래는 공개 소스

AI를 제공해 전 세계 혁신가들이 기술의 힘을 사용할 수 있게 해주는 세상, 설명 가능한 AI explainable AI(XAI)* 를 개발하고 사용하는 세상, AI의 결정을 검토하고 그 결정에 도전할 수 있는 세상, 사용자와 개발자의 권리와 책임이 명확해 법적 책임을 져야 할 주체가 누구인지 분명한 세상일 것입니다.

이제부터 AI가 가져다줄 수 있는 잠재적 보상을 살펴보자.

보상 1 지루한 일은 하지 않고 건너뛸 수 있기 때문에 노동계에는 혁명이 일어날 것이다

우리 문화에서 시간과 시간을 사용하는 방식은 정말로 강박적인데, 그럴 만한 이유가 있다. 오늘날만큼 바쁘게 산다고 느낀 시대는 없었다. 많은 일이 점점 더 우리의 관심을 요구하고 있으며, 우리는 더 많이 여행하고, 더 넓은 범위의 사람들과 관계를 맺고, 그 관계를 유지해나간다. 시대를 막론하고 기술이 제시하는 궁극적인 약속은 작업 속도를 높이고 사람들에게 자유롭게 쓸 수 있는 시간을 주겠다는 것이다. 창의적이고도 혁신적인 일을 하게끔 하고, 문제를 해결하고, 심지어 여가를 즐길 수 있는 시간을 더 많이 갖게 해주겠다는 것이다. 당신의 일주일은 어떻게 채

* AI에 입력된 데이터의 목적, 근거, 의사결정 과정을 인간이 이해할 수 있는 방식으로 설명하도록 프로그래밍된 AI.

워져 있는지 모르지만, 나는 확실히 그런 시간의 여유를 즐기지 못하고 있다. 많은 사람이 이메일에 파묻혀 있으며, 온종일 컴퓨터 모니터에서 눈을 떼지 못한 채 아직 하고 있는 일을 다 끝내지도 못했는데 새로운 업무가 도착했다는 알림을 받는다. 좋은 소식이라면 이제 AI가 널리 퍼지면서 기술은 초창기의 약속을 마침내 지키려 하고 있으며, 이제는 익숙해져버린 지루한 일에서 우리를 진심으로 해방해줄 수도 있다는 것이다.

페드로 도밍고스는 자신의 책 『마스터 알고리즘: 머신러닝은 우리의 미래를 어떻게 바꾸는가』에서 이에 관해 언급했다.

> 앞으로 사람들은 자신만의 AI를 갖게 될 테고, 자신에 관한 데이터를 모두 간직하고 있다가 오직 필요할 때만 공유할 것이다. 그리고 상식이 없는 컴퓨터나 가진 것이라고는 지나치게 많은 시간과 기억뿐인 사람이 단독으로는 할 수 없는 일을 하게 될 것이다. AI는 우리의 마음을 위해 달리는 말이다. 말은 자신이 태운 기수와 경쟁하지 않는다. 기수가 더욱 빠르게, 더욱 멀리 갈 수 있게 해줄 뿐이다.

미래의 사무직 직원은 AI와 짝을 이루어 함께 일할 가능성이 아주 높으며, 그 사람의 임무는 AI와 결합해 최고의 직원이 되는 것일 수 있다. AI는 아주 쉽게 인터넷에 있는 지식을 확보할 수 있으므로 모든 질문에 답해줄 수 있다. 하지만 올바른 질문을 해야 하는 책임은 우리 사람에게 있다. 이에 관해서는 다음 장에서 캐스린 파슨스가 엄청난 통찰력을 보여줄 것이다. 결국 기계를 잘 활용하는 방법을 개발한 사람들이 더 많은 시간의 여유를 즐길 수 있을 것이다.

업무와 관련해 AI가 줄 수 있는 보상 하나는 지나치게 복잡한 일을 하지 않아도 된다는 것이다. 이 보상은 어느 정도는 음성인식 기계들을 아주 많이 활용하게 될 때 받게 될 것이다. 한때 기계에는 매뉴얼과 지시 사항이 있었지만 AI는 시행착오를 통해 학습하고, 그 학습 결과를 이용해 시스템이 사람을 위해 일하는 세상이 되는 길을 보여줄 것이다.

행정 업무에 치여서 학생들과 함께 보낼 시간이 부족한 교사들을 생각해보자. 교사가 없어도 알아서 아이들의 시험지를 채점하고, 교사가 수업 외 시간에 해내야 하는 까다로운 일을 효율적으로 해주는 기계가 있다면 어떻게 될까? 시간 여유가 생긴 교사는 좀더 나은 교수법을 생각하고 수업에 더 많은 시간을 쓸 수 있을 테니, 수업에 필요한 내용과 학생들의 필요에 맞춰 더 적절한 수업을 할 수 있을 것이다. 기계는 숙련된 교사와는 달리 교실에 있는 어린 학생들의 심리를 이해할 수 없다. 아이들의 심리를 이해할 수 있다는 것, 그것이 사람 교사가 갖는 고유한 강점이다.

이런 예에서 볼 수 있듯이 특정 과제를 기계에게 일임하면 사람은 늘어난 개인 시간을 이용해 창의적이고도 흥미로운 일을 할 수 있다. 지넷 윈터슨이 7장에서 이에 관해 이야기해줄 것이다. 하지만 AI가 우위를 차지한 세상에서 잘 살아가려면 엄청난 양의 기술 재교육 과정이 필요하며, 새로운 기준틀 안에서 기존 기술을 극대화하는 방법을 찾아내야 한다는 사실을 분명하게 알고 있어야 한다. 이런 고민의 실질적인 측면에 대해서는 6장에서 다룰 것이다.

보상 2 새롭고도 흥미로운 일

지금까지 우리는 AI가 기존 작업의 일부를 자동으로 처리해줄 때 생기는 긍정적인 측면을 살펴보았다. AI가 일터에서 불러올 놀라운 변화 가운데 두 번째로 신나는 측면은 지금으로서는 상상도 할 수 없는 일들을 비롯해 수많은 새로운 일자리를 만들어내는 길을 닦아주리라는 것이다. 직장에서 AI가 출현하는 분야는 기술 분야만이 아니다. 그러니 제발, 힘을 내자! 미래에 우리에게 올 야성적이면서도 멋진 새로운 직업을 완전하게 예측할 수는 없지만, 여기에서는 당신에게 영감을 줄 수 있기를 희망하면서 AI가 만들어줄 수도 있는 직업을 몇 가지 예측해보았다.

기술 분야에서 필요한 기술 외적인 업무

이 책을 읽는 동안 'AI 분야에서 일한다고 해서 반드시 과학기술 분야의 전문가가 될 필요는 없다'는 문구를 거듭해서 만나게 될 것이다. AI 분야는 공학자와 컴퓨터 과학자 말고도 많은 직업을 만들어낸다. 사람처럼 생각하고 행동하는 기계를 만들려고 애쓸 때는 기술이 아닌 분야에서 제 역할을 해줄 사람이 많이 필요하다. 하나의 AI 제품은 만들어지기까지 기술과는 상관없는 많은 단계를 거쳐야 한다. 당신은 문학을 너무나도 좋아해서 여러 등장인물과 이야기를 많이 알고 있고, 어떻게 해야 그럴듯한 이야기를 꾸밀 수 있는지를 알고 있을지도 모른다. 그런 당신은 챗봇이 구사해야 하는 완벽한 원고를 작성할 수도 있고, AI 게임에서 활약할 캐릭터를 만들 수도 있고, AI에게 원본 콘텐츠를 가르쳐줄 수도 있다.

창의적인 분야에 필요한 기술 업무

소프트웨어 공학자나 데이터 과학자가 의류업계에서 자신의 기술을 발휘하고 싶은 꿈을 이룰 수 있을까? 그럴 가능성이 크다. 로봇은 이제 막 제조업이나 재봉 일에 투입됐지만, 의류 회사들은 기존 의상 사진으로 AI를 훈련해 새로운 의상을 디자인하는 일이 가능한지도 실험하고 있다.

어쩌면 당신은 데이터를 시각화하는 데 관심이 많으며 이야기를 전달하는 참신한 방법을 찾고 싶을 수도 있다. 데이터 과학의 힘을 저널리즘과 결합하고 그래픽을 이용해 뉴스를 분류하고 정보를 공유하는 방법을 찾는 데이터 저널리즘은 점점 성장하고 있는 분야다. 아직은 데이터 저널리즘이 AI 기술을 활용하고 있지 않지만, 미래에는 AI가 이런 종류의 스토리텔링마저 바꿀 것이다.

전에는 없었던 새로운 일!

AI는 지금 우리에게 아주 익숙한 분야에서도 전적으로 새롭고도 흥미로운 일거리를 아주 많이 만들어낼 수 있다. 가상현실(VR) 여행사의 직원이 되는 것 같은 일 말이다. 가상현실 기술을 이용해 당신은 한 사람이 즐길 수 있는 완벽한 휴가 여행을 설계하고 기획하도록 도울 수 있다.

우리가 매일 하는 활동이 수많은 데이터가 되어 수집되고 있기 때문에 개인의 기억을 저장하는 디지털 스크랩북을 만들 기회가 아주 많아질 것이다. 따라서 기억 돌보미Memory Minder라는 직업이 생길 수도 있다. 기계학습이 하는 일은 우리가 쉽게 알아낼 수 없는 패턴을 찾는 것임을 기억하자. 기억 돌보미는 알고리즘의 데이터를 이용해 우리가 스스로는 한데 모으지 않을 우리 삶의 순간들을 연결해줄 수도 있을 것이다. 나는 내가 먹는 음식의 패턴과 알레르기를 유발하는 음식을 알고 싶어서 특정 음식을 먹은 뒤에 나타나는 증상을 기록해주는 기억 돌보미가 있으면 좋겠다. 내 주변에는 난감한 연애에 빠지는 순간을 알고 싶어서 기억 돌보미를 활용하고자 하는 친구들도 있을 것 같다. 그래도 우리에게는 와인과 친구들이 있다!

디지털 외교관이 등장할지도 모르겠다. 국경을 초월해 인터넷이 관리되는 방식을 탐색하는 직업을 갖게 될 수도 있다. 전 세계 모든 지역에서 인터넷을 사용하고 있지만, 인터넷에 대한 규제는 나라마다 다르기 때문에, 이런 일은 아주 중요한 직업이 될 수도 있다(GDPR만 해도 유럽연합에서만 적용된다). 디지털 외교관은 협상을 통해 여러 국가에 동시에 적용할 수 있는 권리와 규제를 정하고, AI와 신기술이 우리 모두를 위해 쓰일 수 있는 가장 좋은 방법을 찾는 임무를 맡게 될 것이다.

기후 위기를 극복하려는 투쟁으로 시간을 보낼 수도 있을 것이다. 그러니까 기후 관리인이 되는 것이다. 미래에는 탄소 배출을 계속해서 낮추고 오염된 공기를 정화하는 일과 관련된 직업이 많이 생길 테고, 지구를 살리는 일에 많은 두뇌를 필요로 할 것이다.

나는 정말로 런던에 사는 농부가 되는 교육을 받아서 직접 오이를 기르고 싶다. 미래의 도시가 지속 가능한 곳이 되려면 가능한 한 많은 사람이 먹을거리를 직접 재배할 수 있어야 하고, 수경 재배법과 AI, 수직 농법을 정교하게 한데 합쳐 활용하는 방법을 터득해야 할 것이다.

오직 사람만이 할 수 있는 일

나는 사람들이 가장 많이 상호작용하는 직종이 가장 각광받는 직업이 되어 가장 많은 보수를 받을 것이라고 믿는다. 당신이 AI 물리치료사와 AI 재무상담사를 고용할 수 있다면, 두 직종 가운데 추가 비용을 들여서라도 진짜 사람을 고용하고 싶은 분야는 무엇인가? 영국 중앙은행 수석 경제학자 앤디 홀데인조차도 인정했듯이 감성지수(EQ)가 지능지수(IQ)와 경쟁하고 간호·돌봄·

교육·여가 분야의 직종이 보상을 받는 미래는 올 것이다. 그런데 제작자와 장인匠人에게도 좋은 소식이 있다. 홀데인은 장인의 감성에는 이미 프리미엄이 붙었다고 언급하며, 수공예품은 훨씬 더 고급스럽다는 명예의 배지를 달 것이라는 예측을 내놓았다. 이런 상황은 제조사의 제품 가격을 높일 테고, 사람이 참여하는 휴먼 인 더 루프(HITL) 시스템에 더 많은 돈을 지불하는 것이 당연한 규범이 되는 곳에서는 소프트웨어와 온라인 서비스의 가격도 상승하게 될 것이다.

보상 3 기후 변화에 맞서기

스웨덴의 환경운동가 그레타 툰베리는 더 많은 사람에게 기후 변화의 위험을 알리기 위해 노력하고 있다. 2018년 기후변화에관한정부간협의체(IPCC) 보고서에 따르면 지구를 보호하려면 2030년까지 지구 온도 상승 폭을 섭씨 1.5도 이내로 억제해야 한다. 정치적으로나 사업적으로, 문화적으로나 기술적으로 큰 도전이다. 그렇지만 AI 기술은 기후 변화에 맞서는 데 도움을 줄 수 있다.

무엇보다도 연구자들은 AI를 이용해 날씨 모형을 만들고 예측할 수 있다. 홍수가 나기 쉬운 지역, 홍수가 생태계와 사람의 거주지에 미칠 영향 등을 예측할 수 있는 것이다. AI의 예측 결과를 이용하면 기후 변화에 가장 크게 영향을 미칠 정책을 목표로 삼아 기후 정의를 실현하라고 요구할 수 있다. 연구자들이 가장 위험한 지역을 예측하면, 위험 예방에 집중할 수 있게 된다. AI는 인공위성과 이미지 인식 기술을 이용해 환경 변화를 측정하는 데도 도움을 줄 수 있다.

AI는 일상생활에서 탄소 배출량을 줄일 수 있는 도구 상자의 일부다. 예를 들어 수송업을 생각해보자. 도로 사용자들이 배출하는 이산화탄소 양은 전 세계 에너지와 관련된 이산화탄소 배출량의 3분의 1을 차지한다. AI로 자율 주행 전기차, 차량 공유 앱, 좀더 복잡한 지능형 교통 체계 등을 구축하면 이산화탄소 배출량을 줄일 수 있을 것이다.

AI 기술을 이용해 에너지 수요량을 관리할 수 있으므로 에너지 사용량이 급등하는 시기를 예측할 수 있다. AI로 에너지의 수요와 공급이 균형을 이루면 낭비되는 전력을 줄일 수 있다.

AI는 행동을 변화시키는 아주 굉장한 일을 할 수 있다. 좋은 예가 음식물 쓰레기다. 기업들은 이미지 분류 같은 AI 기술을 이용해 음식물 쓰레기를 추적하기 시작했다. 특히 서비스 산업 분야에서 말이다. 어떤 음식들이 지속적으로 낭비되고 있는지를 알아내면 기업은 자사의 음식 구매 방식을 환경과 미래에 도움이 되는 쪽으로 바꿀 수 있다.

유엔의 모든 회원국이 채택한 '2030년 지속 가능한 발전을 위한 의제'는 사람과 지구가 평화와 번영을 누릴 수 있는 공통의 청사진을 제공하고 있다. 이 의제의 핵심은 전 세계 모든 선진국과 개발도상국이 국제적으로 협력해 이루어야 하는 가장 시급한

17개 문제를 지속 가능한 발전 목표(SDGs)로 삼았다는 것이다. 과학 학술지 『네이처*Nature*』에 실린 국제 과학 연구팀의 최근 보고서에 따르면 AI는 그 17개 목표를 이용해 134개의 다른 목표를 이루도록 도울 수 있다. 구체적으로 말해서 AI가 양질의 교육을 제공하고 지속 가능한 도시와 공동체를 육성함으로써 문제 해결에 크게 기여할 수 있다는 것이다. 우리는 이 목표들을 좀더 연구할 수 있고, 학교나 근무하는 회사에서 진행할 프로젝트의 좋은 출발점으로 삼을 수도 있다.

AI는 다양하고도 흥미로운 방법으로 기후 변화 문제 해결에 시작점이 될 수 있는 잠재력이 있기 때문에 이런 예는 얼마든지 제시할 수 있다. 나는 여러분이 이 책을 읽고 있을 시기에는 기후 변화 문제 해결에 더 많은 발전이 이루어져 있기를 희망한다. 여러분도 온라인을 통해 에밀리 석버그Emily Shuckburgh 같은 사람들이나 오픈 클라이밋 픽스Open Climate Fix, 매터 모어Matter More, 클라이밋 액션Climate Action 같은 조직에 연락을 취할 수 있다. 전 세계 기술 전문가들이 기술을 통합해 기후 변화 문제를 해결하려고 힘을 합치고 있다. 이런 노력에 관심이 있다면 트위터에서 이런 조직들을 팔로우하고 연락을 취해 동참할 수 있는 방법을 찾아보자.

이런 보상은 기술 관련 기업들이 자사가 환경에 미치는 영향을 억제해야지만 얻을 수 있다. 예를 들어 AI 시스템이 해답을 얻으려면 컴퓨터를 이용해야 하고, 컴퓨터로 복잡한 수학을 풀려면 전기를 공급해야 한다. AI 시스템에 입력하는 데이터의 양이 많으면 많을수록 더 복잡한 수학이 필요하고, 결국 더 많은 전기가 필요하게 된다. 미국 매사추세츠 애머스트대학교의 에마 스트루벨Emma Strubell은 동료들과 함께 AI 한 대를 훈련할 때 발생하는 탄소 발자국은 이산화탄소 284톤에 이를 것이라고 추정했다. 앞에서 스파이스걸스의 나머지 가사를 작성하는 데 사용한 가사 변속기라면 평범한 자동차를 몰면서 한 사람이 평생에 걸쳐 배출할 양의 다섯 배에 해당하는 이산화탄소를 배출한다. 물론 이렇게 단순하게만 볼 수 있는 문제는 아니다. 많은 경우 AI 문제 해결 시스템을 구축하는 초기 단계에서는 전기가 아주 많이 사용되지만, 일단 시스템을 구축한 뒤에는 많은 전기를 쓰지 않고도 여러 번에 걸쳐 문제 해결에 사용할 수 있다. 이 분야는 분명히 관심을 가지고 지켜봐야 한다!

보상 4 더 건강한 삶

AI가 질병을 치료하는 방법에 관해 괴상한 주장을 하는 뉴스 기사들이 있다고 했던 말을 기억하는가? 그런 주장들은 과장된 경우가 많기는 하지만, AI는 실제로 우리가 더 건강하고 행복하게, 더 오래 살도록 도울 수 있다. 로봇이 수술을 돕고 AI 의사가 활동하고 AI 시스템이 행정 절차를 개선하고 가상으로 임상 시험을 진행하고 진단을 내리는 등, 의료계의 많은 분야에서 AI를 활용할 수 있다. 위험 예측에서부터 질병의 원인과 징후, 치료 방법과 증상 발현에 이르기까지 모든 분야에서 AI의 도움을 받을 수 있다. 이에 대해서는 내 친구인 맥신 매킨토시가 전문가로서 7장에서 좀더 자세한 이야기를 들려줄 테지만, 그전에 이런 분야에서 얻을 수 있는 보상에 대해서 몇 가지는 조금 더 깊이 살펴보도록 하자.

- **질병을 감지하고 진단할 수 있다**. 얼마 전에 한 AI에게 4초 안에 MRI 심장 사진을 해석할 수 있도록 훈련을 시켰다. 심장병 전문의가 직접 한다면 13분이 걸릴 일이었으니, 심부전증 진단에 획기적인 도약임이 분명했다. 이 AI는 유방 엑스레이 사진에서는 유방암을 제대로 진단해내지 못했지만, 최근에 연구자들은 AI가 정확하게 진단할 수 있도록 기계학습을 도입해 AI를 훈련하고 있다. 연구자들은 AI가 유방암을 조기에 발견해 진단할 수 있는 중요한 도구가 되어주기를 바란다. 조기 발견은 생존율을 높이기 때문에 정말로 중요하다.
- **새로운 약을 개발할 수 있다**. 기계학습을 이용해 신약을 만드는 데 도움이 될 새로운 분자 설계를 시도하는 기업들도 있다. AI를 이용하면 좀더 빠르게 새로운 분자를 만들어낼 수도 있어서 이 같은 시도는 전망 좋은 시작이다. 하지만 임상 시험을 거치고 효과가 입증된 약을 대중에게 선보일 때까지는 여전히 길고도 지루한 과정을 거쳐야 할 것이다.

- **서비스를 개선할 수 있다**. 지난 몇 년 동안 전 세계 병원들은 로봇을 행정 업무에 투입하기 시작했다. 로봇이 행정 업무를 담당하면 의사와 간호사가 환자를 직접 돌볼 시간이 늘어날 것이라고 생각했기 때문인데, 실제로도 의료진의 양질의 돌봄은 환자의 전체적인 회복에 큰 도움이 된다는 사실이 입증되고 있다.
- **자립할 수 있게 해준다**. 포켓 비전Pocket Vision은 시각이 손상된 사람들이 볼 수 있게 도와주는 앱이다. 카메라와 문서를 혼합한 데이터를 이용해 앱 사용자가 화면에 나온 시각 자료를 이해할 수 있게 돕는다.
- **챗봇으로 마음을 달래준다**. 챗봇은 AI 기술이 가장 큰 진전을 이룬 분야 가운데 하나다. 모든 챗봇이 그런 것은 아니지만, AI와 자연어 처리(NLP)를 이용해 사용자와 대화하는 챗봇도 있다. 보통은 고객 응대 서비스에 활용하지만 챗봇은 사람의 정서적 안정에 큰 도움을 줄 수 있다. AI포굿AI for Good의 크리티 샤르마Kriti Sharma 연구팀의 예는 내가 아주 좋아하는 사례 가운데 하나다. AI포굿은 지역 활동가들과 함께 특히 남아프리카공화국에서 학대받고 억압받고 휘둘리고 건강하지 못한 관계를 맺고 있는 사람들을 돕기 위해 rAInbow(레인보우)라는 챗봇을 개발했다. rAInbow는 문자 메시지와 비슷한 인터페이스를 이용해 사용자가 자신의 이야기를 공유하고, rAInbow가 해주는 이야기를 들음

으로써 자신이 혼자가 아님을 느끼고, 자신의 행동에 혼란을 덜 느끼게 된다. rAInbow는 사용자가 상대방의 어떤 행동이 위험하거나 해로운 행동인지를 인지할 수 있게 도와주며, 사용자가 자신을 보호하려면 어떻게 행동해야 하는지를 조언해준다.

청소년의 정신건강을 위한 챗봇도 여럿 있는데, 이런 챗봇이 특히 중요한 이유는 아이들이 부끄러워하는 사실을 외부에 알리지 않으면서, 판단하지 않고 확실히 비밀을 지켜주는 공간을 제공해줄 수 있기 때문이다.

보상 5 맞춤 교육

AI는 아이들 각자에게 맞는 교육을 해줄 수 있는 엄청난 잠재력을 갖고 있다. AI는 교사가 학생들과 함께하는 시간을 더 늘려줄 수 있을 뿐 아니라, 디지털 학습 시스템을 구축하거나 현재의 시스템을 강화할 수 있는 도구를 갖추고 있다. AI를 활용하면 교실에서 대면 수업을 하는 것보다 훨씬 많은 아이들이 온라인으로 교육받을 수 있다. 자신에게 맞는 교육을 좀더 쉽게 받을 수 있다. 센추리 테크Century Tech의 설립자 프리야 라카니Priya Lakhani의 작업을 살펴보면 AI가 교육을 어떤 식으로 바꾸고 있는지를 알 수 있다. 센추리 테크의 목표는 AI를 이용해 모든 학생에게 맞춤형 학습을 제공하는 것이다. 센추리 테크의 플랫폼이 제공하는 수업을 모두 들으면 AI 시스템이 각 학생의 장단점을 파악하고, 이 정보를 바탕으로 각 학생에게 맞는 교육 경로를 설정해준다. 어떤 학생은 수학을 빨리 익히지만 문법을 어려워할 수도 있고, 어떤 학생은 그 반대일 수도 있다. 센추리 테크는 AI가 이런 상황을 인지하면 학생들 모두에게 각자 도움이 되는 방식으로 다르게 반응할 것이라고 생각한다.

보상 6 위험한 작업을 관리할 수 있다

AI 로봇은 특히 소위 3D(더럽고, 위험하고, 지루한) 직종의 일을 하기에 적합하다. 하수도를 청소하고, 누출 사고가 일어난 원자력 발전소를 멈추고, 결함이 생긴 전자장비를 해체하는 등의 일 말이다. 그런 일을 한다고 해도 로봇은 기분 나빠하지 않으며 '다쳤을 때'는 쉽게 수리할 수 있고 지루해하지도 않는다. 따라서 사람들이 하고 싶어하지 않는 일을 하게 하고 가고 싶어하지 않는 곳으로 보내는 데 적합하다.

보상 7 접근성이 증가한다

AI는 다양한 접근성* 도구로 활용할 수 있다. 접근성 도구는 신체가 손상된 사람이 이용할 수 있도록 웹사이트나 디지털 제품

* 시설, 교통, 제품, 서비스, 권리, 정보통신망 등의 환경을 불편하지 않게 이용할 수 있는 정도.

을 시선 추적 기술에 접속해야 할 상황인지, 청각이 손상되거나 난청이 있는 사람이 강의나 연설을 볼 수 있도록 실시간 자막 변환 도구에 접속해야 할 상황인지를 자동으로 결정한다. 시리 같은 음성 인식 기술을 이용하면 시각이 손상된 사람이 문자를 보내고, 듣고 싶은 음악을 고르고, 스마트폰에 있는 여러 앱에 쉽게 접근할 수 있을 것이다. 아주 훌륭한 시작이지만 이런 음성 인식 기술이 이미 개발됐다고 해도 가야 할 길은 멀다. 음성 인식 기술은 남성의 목소리를, 특히 'BBC 영어'를 구사하는 남성의 목소리를 가장 잘 알아듣는다는 등의 문제를 해결해야 한다.

AI가 주는 보상 가운데 내가 분명하게 느낄 수 있는 것은 AI를 이용하면 난독증인 사람도 좀더 쉽게 살아갈 수 있다는 것이다. 「들어가며」에서 말한 것처럼 나도 난독증이 있어서 난독증인 사람들이 주류 교육과 일터라는 영역에서 받아들여지지 않는 상황을 겪을 때도 있고 남들과는 다른 방식으로 소통하고 언어를 사용하는 방법을 배운다는 사실을 경험을 통해 알고 있다. 지난 몇 년 동안 AI를 이용해 나 같은 사람들을 돕는 흥미로운 앱과 기술이 아주 많이 개발됐다. 이제는 AI를 이용해 아이들의 난독증 여부를 판단하고, 난독증이 있는 사람의 취업 활동을 도울 수 있으며, 교사들도 좀더 창의적인 교구를 만들 수 있다. 그래머리Grammarly와 스위프티키SwiftyKey 앱을 활용하면 훨씬 더 논리 정연하게 문장을 쓸 수 있다!

보상 8 이제는 줄을 서서 기다리지 않아도 된다

이것은 더 나은 삶은 아닐 수도 있지만 더 수월한 삶일 수는 있다. 분명히 어떤 앱이 아주 고맙게 느껴지는 순간이 있을 것이다. 스마트폰에서 앱을 사용할 때면 내가 AI를 이용해 작업 속도를 빠르게 하고 있거나 아주 간단하게 작업을 해내고 있음을 깨달을 때가 많다. 전화 회사에 문의할 때 챗봇을 이용해 평소보다 더 빠르게 문제를 해결하는 신선한 경험도 했다. 많은 면에서 AI에 의존하고 있는 온라인 배송 서비스는 시골 지역에 살고 있거나 이동이 쉽지 않은 사람들의 삶에 정말로 긍정적으로 개입하고 있다.

6장

AI를 신뢰할 수 있는가

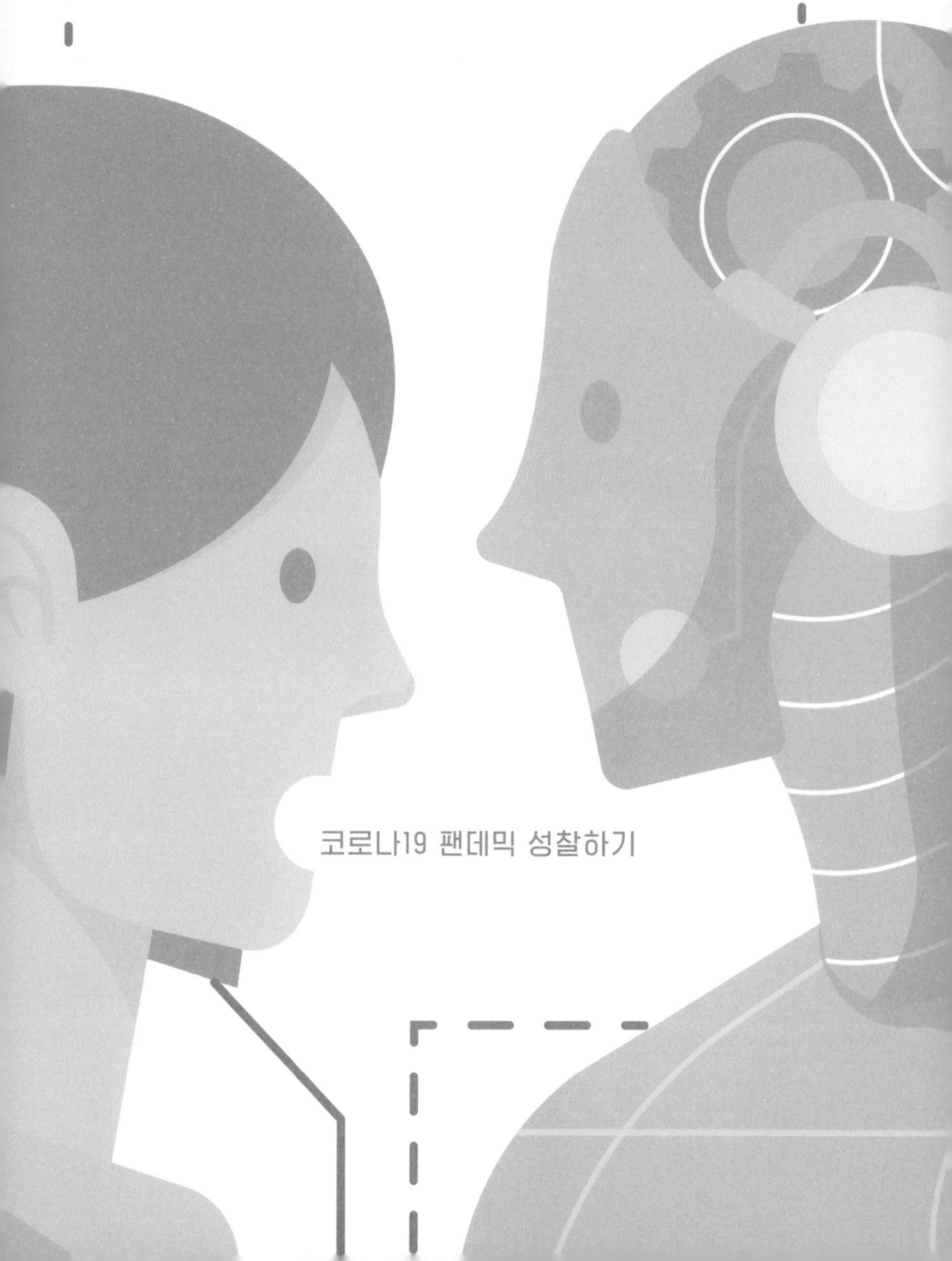

코로나19 팬데믹 성찰하기

이 책을 마무리 짓고 있던 달에 코로나 바이러스가 발생해 현대인의 생활 모습을 크게 바꾸어버렸다. 나도 다른 모든 사람처럼 이 엄청난 상황을 어떻게 받아들여야 할지 알 수가 없었다. 그저 코그엑스를 온라인 축제로 전환하고, 영국 정부 AI자문위원회 회장으로서 AI 공동체를 지원하고, 생후 7개월 된 아기를 돌보면서 새로운 일상을 찾으려고 노력했다. 공식적인 육아 시설의 도움을 받지 않고 다행히 배우자와 함께 아들을 돌볼 수 있었지만, 내가 진행하고 있는 일과 진행을 멈춘 일에 대한 죄책감을 떨쳐버릴 수는 없었다. 초조했다. 하지만 우리 아들 오티스와 함께 있으면서 집에서 일할 수 있다는 것은 정말 행운이라는 사실을 깨달았다.

이 이상한 시기를 지내는 동안 언론에는 직장과 가정에서 일어나는 이야기가 쏟아져 들어왔다. 이를 접하며 나는 여성들이, 특히 BAME(Black, Asian and Minority Ethnic, 흑인, 아시아인 및 소수인종) 여성들이 남성들보다 다양한 방식으로 봉쇄와 팬데믹 상태에 훨씬 더 큰 영향을 받고 있다는 것을 알게 되었고, 여성들이 건강과 사회·경제적 지위에 큰 타격을 받고 있는 이유에 대해 쭉 생각했다. 나는 내가 편하게 일하고 사교 활동을 했던 온라인의 세계로 뛰어들어 건강과 사회복지 분야에서 일하는 전문가들과 친구들에게 연락을 취했다. 이 장의 내용은 내가 줌Zoom으로 만난 여성들과 나눈 이야기를 재빨리 기록한 것으로, 이 대화들이 결코 완벽한 결론은 아니지만 적절한 시기에 제공하는 필요한 정보이자 팬데믹의 시험에서도 살아남을 수 있는 조언이 되리라고 믿는다.

건강과 관련해 팬데믹의 최전선에서 일하고 있는 사람들은 여성이다. 코로나19에 걸린 사람들을 돌보는 의료계 종사자의 70퍼센트는 여성이며, 사회적 돌봄 분야는 그 어떤 분야보다도 여성 종사자의 비율이 훨씬 높다. 의료계 밖에서도 여성의 건강은, 신체와 정신 모두 남성보다 더 위험하다. 팬데믹 시대에 가정폭력은 계속 증가하고 있다. 영국 최대 규모의 가정폭력 피해자 보호시설인 레퓨지Refuge에 도움을 요청하는 전화는 팬데믹 시대 이전보다 700퍼센트 증가했다고 한다.

경제적 측면에서 보면 일한 만큼만 시급으로 받는 불안정한 계약직 노동자는 남성보다 여성이 더 많은데, 이 격차는 꾸준히 증가하고 있다. 여성은 대체로 주 육아 담당자이기 때문에 남성보다 집에서 일하는 것이 훨씬 어려운데, 디지털 기기를 활용한다고 해도 마찬가지다. 이를 보여주는 흥미로운 지표가 있다. 학회지 편집자들은 봉쇄 6주 동안 천체물리학부터 과학철학에 이르기까지 여러 분야에 걸쳐 여성 저자들이 제출하는 원고는 현격히 줄고 남성 저자들이 제출하는 원고는 50퍼센트 이상 증가했음을 알아차렸다.

건강과 경제 측면에서 나타나는 이런 결과들이 여성들의 삶에 각기 어떤 방식으로 영향을 미칠지를 외면하고 넘어갈 수는 없다. 우리 사회에 만연한 가난과 편견, 인종차별 같은 불평등 때문에 팬데믹 시기에 특정한 사람들은 훨씬 취약한 상태에 처할 수밖에 없다. 코로나19의 발병을 팬데믹으로 선언하고 불과 두 달이 지나지 않았을 때부터 이미 가난과 인종 요인이 개인의 건강에 얼마나 큰 영향을 미치는지를 분명하게 보여주는 자료들이 나오기 시작했다. 예를 들어 영국에서는 10만 명당 사망한 사람의 비율이 가난한 지역에서는 55퍼센트였지만 부유한 지역에서는 25퍼센트였다. 많은 의료 전문가, 요양원 직원, 버스 기사, 청소부 가운데 이민자와 소수 인종 출신자의 사망률은 불균형할 정도로 높다. 이 글을 쓰고 있는 지금, 팬데믹으로 사망한 영국 국민보건서비스(NHS) 분야 종사자 가운데 68퍼센트는 BAME이라는 사실은 그저 한 가지 예일 뿐이다. 미국 질병통제예방센터는 코로나19가 특히 흑인에게 치명적인 영향을 미치고 있다고 발표했다. 4장에서 살펴본 것처럼 팬데믹에 영향을 받는 사람들에 관해 이야기할 때는 인종과 가난에 관한 통계를 함께 살펴보는 것이 중요하다는 사실을 기억해야 한다. 개인의 몸 상태보다도 제도적인 불균형이 질병에 훨씬 더 나쁜 영향을 미칠 수 있다.

세계보건기구 사무총장 테워드로스 아드하놈 거브러여수스는 국제 젠더 활동가 네트워크International Gender Champions network와 인식을 함께한다. "코로나19 팬데믹은 반드시 성평등 감수성을 가지고 대응해야 합니다. 여성과 아이는 시급한 건강 문제가 발생했을 때 필요한 조치를 제대로 받을 수 없는 가장 취약한 인구 집단에 속해 있을 뿐 아니라, 의료 현장에서 코로나19 감염자들을 돌보는 사람들의 70퍼센트도 여성입니다. 세계보건기구는 젠더 렌즈를 이용해 우리의 대응 활동을 끊임없이 평가하고 개선하기 위해 진심으로 노력하고 있습니다." 나는 이 성명을 읽고 너무나도 기뻤고, 팬데믹에 성평등 감수성으로 대응하는 자세가 AI 분야로 확대될 수 있도록 노력해왔다.

그렇다면 팬데믹 시대에 AI는 어떤 중요한 역할을 할 수 있을까? 나는 자동화의 필요성이 증가하고 있으니 AI를 어떤 식으로 이용할지, AI 기술의 이용 비중을 늘리는 회사가 얼마나 많을지를 파악하는 일이 중요하다고 느꼈다. AI를 활용하는 모든 분야에서 그렇듯이 위험이 따르지 않는 보상은 없으며, AI 공동체는 팬데믹 상황에서 AI를 이용하는 것에 대해 의견이 갈리고 있다. 특히 성평등과 개인정보 보호라는 측면에서 말이다.

건강에 미치는 영향

팬데믹이라는 특별한 위기 상황에서 AI 기술을 의료 분야에서 충분히 활용하려면 어느 정도 시간이 필요할 것이다. 믿을 수 없이 정확한 AI 시스템에 관해 경고하는 이야기는 실험실에서는 많지만, 실생활에서 그런 AI들이 어떤 결과를 낼지는 어느 누구도 장담할 수 없다. 4장에서 AI와 건강 문제를 다룰 때는 팬데믹 같은 위기 상황이 아니었다. 하지만 이제는 신뢰할 수 없는 AI가 팬데믹 시대에 얼마나 커다란 재앙이 될 수 있는지를 고민해야 한다. 실험실과 현실 세계의 시간 차이는 너무 늦기 전에 젠더가 어떤 역할을 해야 하는지를 고민해볼 수 있는 중요한 기회를 준다. 일단 AI가 활용되고 있는 방법 몇 가지를 살펴보자.

1. **예측** | 캐나다 기업 블루닷BlueDot은 바이러스를 조기에 감지하기 위해 뉴스, 비행기 표, 날씨 자료를 비롯한 100개가 넘는 데이터 세트를 계속해서 검토할 수 있는 AI 장착 도구를 만들려고 노력하고 있다.
2. **선별과 분류** | 인력은 부족하고 환자들은 몰려오는 많은 병원에서 코로나19 감염자와 비감염자를 재빨리 구분하는 자동 선별 도구를 활용하고 있다. 예를 들어 큐어닷에이아이Qure.ai는 코로나로 인한 폐렴인지를 신속하게 확인하기 위해 AI를 활용한 흉부 자동 촬영 기계로 엑스레이 촬영

장비를 교체했다. 전문가들은 코로나19 때문에 다른 병동의 진료가 원활하게 진행되지 않아 암을 진단하지 못할 위험이 발생할 수 있다고 경고한다. 이 때문에 케이론메디컬Kehiron Medical 같은 기업은 방사선 전문의와 더불어 AI 시스템을 유방암 스캔 사진의 '2차 판독자'로 활용함으로써 유방암 선별 인원을 줄여도 유방암을 빠르게 진단할 수 있도록 병원을 돕고 있다.

전통적으로 종이 서류를 기반으로 행정 업무를 처리하는 요양원은 자동화 과정을 채택하고 라이프라이트LifeLight(심장 박동 횟수와 호흡 횟수 같은 생명 징후를 기록하는 카메라) 같은 기계학습 도구를 사용해 이 분야에 경험이 많지 않은 직원들도 조금 더 자신 있게 이런 생명 징후들을 측정하도록 도울 수 있다.

AI를 활용하면 환자가 집에서 자가 치료를 할 수 있는 기회가 늘어날 수도 있다. 팬데믹 첫 달에 온라인으로 의사의 상담을 받는 비율은 12퍼센트에서 42퍼센트로 늘어났는데, 영국 국민보건서비스(NHS)는 온라인 상담을 받은 사람 가운데 최대 50퍼센트가 원격 진료를 선택할 것으로 예측했다. 이 분야에서는 현재 AI를 이용하고 있지 않지만, 왠지 걱정이 되는 피부의 점을 환자가 직접 찍어 한시라도 빨리 의사를 만나야 한다고 사진에 표시해서 올리는 스킨애널리틱스Skin Analytics 같은 도구들은 부족한 의료 자원에

가해지는 부담을 줄이는 데 도움을 줄 수 있다.

3. **치료법 발견** | 이 내용을 쓰고 있을 무렵 AI 기업들은 이미 치료에 도움이 되는 약을 분리해냈다고 발표했다. 릴라 이브라힘이 내부 사업 총괄 책임자로 있는 딥마인드는 코로나19의 원인 바이러스인 코로나 바이러스의 단백질 구조를 밝히는 작업에 딥러닝 시스템을 이용했다. 이 시스템은 기존의 단백질과 비슷한 구조가 없을 때 '프리 모델링free modelling'이라고 알려진 기계학습을 활용해 단백질 구조를 예측할 수 있게 해준다. 버네벌런트AI BenevolentAI의 CEO 조애너 실즈Joanna Shields는 내게 이미 류머티즘 관절염 치료약으로 승인을 받은 바리시티닙에 코로나 바이러스가 폐세포를 감염시킬 수 없게 예방하는 효과가 있음을 어떻게 알게 되었는지를 말해주었다. 버네벌런트AI는 미국 국립알레르기전염병연구소와 함께 대조군 실험을 진행하고 있다.

4. **데이터 통찰력과 모델링** | 코로나19 팬데믹은 수집된 자료가 뜻하는 바를 병원 책임자들이 정확하게 이해하는 일이 정말로 중요하고도 시급하다는 사실을 분명하게 보여주었다. 영국 국민보건서비스 국장 인드라 조시Indra Joshi와 밍 탕Ming Tang이 이끄는 뛰어난 팀이 신디 로즈Cindy Rose(마이크로소프트 영국 지사 최고책임자) 같은 기술계의 거물들 및 스타트업 회사들과 함께 이 문제를 해결하기 위해 힘을 합쳤다. 몇 주 안에 연구팀은 신뢰할 수 있는 데이터 저장소

를 구축해 중앙정부와 지방정부의 정책 입안자들이 실제로 현장에서 일어나고 있는 일을 분명하게 파악해 가장 필요한 곳에 인명 구조 장비를 보낼 수 있도록 아주 정확한 예측을 할 수 있게 해주었다. 국민보건서비스 팀은 그전까지는 한데 모을 수 없었던 데이터를 전례 없이 빠른 속도로 한곳에 모았고 보통 몇 년이 걸리는 프로젝트를 단 몇 달 만에 끝냈다.

사회에 미치는 영향

코로나 봉쇄로 다양한 온라인 제품과 플랫폼의 이용률이 증가했는데, 그중 많은 것이 AI 기술을 활용했다.

1. **온라인 학습** | 많은 교사와 대학 강사가 온라인 플랫폼을 이용해 수업을 했다. 내 친구 프리야 라카니가 CEO로 있는 센추리 테크는 교사들이 숙제를 내고 점검하는 온라인 학습 플랫폼에 AI를 활용했다. 자동으로 과제를 검사하는 AI 플랫폼은 학생들에게 즉시 개별적인 피드백을 제공하고, 교사에게는 학생들을 파악하는 데 도움이 되는 자료를 준다. 센추리 테크는 팬데믹 초기에 일찍 무료 서비스를 제공한 회사 가운데 하나다.

2. **배달 서비스** | 각자 좋아하는 배달 서비스가 있으리라고 생각하는데, 배달 서비스가 택하는 모든 여정은 AI에 의해 최적화되어 있을 것이라고 거의 장담할 수 있다. 데이터를 효율적으로 사용하는 회사와 그렇지 않은 회사의 차이는 같은 배달 기사가 무작위로 여행을 반복하며 길거리를 부지런히 오가는 횟수를 세보면 알 수 있다. 중국 자율 주행차 스타트업 회사 포니에이아이Pony.ai가 캘리포니아에서 자동 운전 배달 서비스를 시작했다는 소식을 들었을 때는 신이 났다. 그건 기술의 거대한 도약이었으니까. 하지만 개인적으로는 AI를 도입한 자동 운전 배달 서비스가 엄청나게 빠르게 확산되리라는 생각에 슬프기도 했다. 왜냐하면 나는 우리 지역을 돌아다니는 배달 기사들과 (멀리 떨어져서) 대화를 하는 게 즐겁고, 정말로 그분들에게 고마운 마음이 점점 더 커지고 있기 때문이다.
3. **소통** | 사회적 거리 두기가 시행되자 많은 사람이 온라인에서 시간을 보내고, 기업이 온라인으로 회의를 진행하는 횟수도 증가했다. 심지어 『보그』도 버지니아 울프의 참신한 소설에서 제목을 빌려와, 고립된 현대인의 삶을 토론하는 비디오 행아웃• 인 '혼자만의 줌A Zoom of One's Own'을 개설했다. 비디오 화상 회의를 진행하는 회사들은 고객에게 더

• 문자, 음성, 비디오 채팅 서비스.

나은 서비스를 제공하려고 AI를 활용하고 있다. 줌을 이용하면 자동으로 회의록을 남길 수도 있는데, 마이크로소프트 팀은 AI를 활용해 배경에서 들리는 키보드 소리, 짖는 소리 같은 소음을 걸러, 사람들이 마이크를 막지 않고 핸즈프리로 즐겁게 통화를 하면서 점심을 먹을 수 있게 해주었다.

앞의 내용을 읽는 동안 이런 기술들에 잠재해 있는 의도치 않은 위험을 발견했는지 궁금하다. AI가 여러 가지로 코로나 바이러스를 물리치는 데 중요한 역할을 해줄 도구임은 분명한 사실일 것이다. 하지만 이런 AI 기술을 서둘러 개발하려고 애쓰는 동안 젠더에 관한 논의는 건너뛰게 될 텐데, 그러면 4장에서 언급한 것처럼 전혀 의도치 않은 방식으로 문제들이 나타나게 되리라는 사실을 여러분이 이해하면 좋겠다. 이런 기술들은 여성에게는 잘 작동하지 않거나, 심할 경우 부정적인 영향을 더욱 증가시키는 쪽으로 작용할 수도 있다.

이제 우리는 역사적으로 AI 시스템이 여성에게는 편향적으로 작용했음을 알고 있다. 그렇다면 굳이 팬데믹 시대에 AI 시스템이 남녀 모두에게 똑같이 적용되는 결정을 해야 할 이유가 있을까? 코로나19 팬데믹의 한 가지 특징은 코로나에 감염된 남성이 여성보다 사망할 가능성이 크다는 것이다. 코로나19가 남성과 여성에게 다른 식으로 영향을 미친다는 사실을 알고 있을 때, 증상을 식별하거나 치료 효과가 있는 약을 찾으려는 노력은 무엇을 의미할까? 이런 혁신 방안들을 들여다볼 때면 정신을 바짝 차리고 누가 훈련 데이터 세트를 만들었는지, 데이터 세트에 누가 포함되어 있으며, 성별 차이는 어떻게 표준화했는지 등을 살펴보아야 한다.

사회적인 영향력도 이와 비슷하게 고려해봐야 한다. 전통적으로 여성이 남성보다 기술 문해력이 낮다는 사실은 이미 알고 있으며, AI로 만들 새로운 기술에 접근하고 사용하는 기회에도 여성과 남성에게 다른 디지털 장벽이 있다는 것도 알고 있다. 따라서 팬데믹 시대에 누가 온라인에 접속할 수 있고, 누가 실제로 AI를 기반으로 하는 교육의 혜택을 받을 수 있는지를 물어봐야 한다.

집에서 일할 수 있는 능력은 어떤 일을 하느냐에 따라 크게 달라진다. 2020년 5월에 영국 정부는 기술 산업계 종사자는 50퍼센트 이상이 재택근무가 가능했지만, 그 밖에 다른 분야 근로자들의 재택근무 비율은 10퍼센트가 되지 않는다는 보고서를 발표했다.

그렇다면 우리의 출구 전략은 무엇이 되어야 할까? 사회가 팬데믹 위기를 극복하고 팬데믹 경제 상황이 다시 '일상'으로 돌아갈 때, 데이터를 기반으로 하는 기술들이 큰 역할을 하게 될 가능성이 크다. 팬데믹 시대에 젠더를 고려하지 않고 AI 기술을 구축하고 시험했다면, 봉쇄를 해제했을 때 어떤 식으로 AI 기술을 활용할 것인지에 대한 계획에서도 젠더 차이는 고려되지 못할 것이다.

한 가지 긍정적인 것은 우리는 이미 문제를 발견했고, 문제를 제기할 수 있다면 그 결과도 바꿀 수 있음을 안다는 것이다. 예를 들어 의료 분야의 개인용 보호 장비는 키가 큰 남성의 몸에 맞추어서 만들었기 때문에 여성들의 몸은 보호해줄 수가 없다. 캐럴라인 크리아도 페레스Caroline Criado-Perez 같은 사람들은 자신들의 플랫폼을 이용해 언론이 이 문제에 관심을 갖도록 유도했다. 이런 운동들이 개인용 보호 장비 정책에 변화를 가져오기를 바란다.

유엔여성기구(성평등과 여성의 역량 강화를 위해 설립한 유엔 기구)는 세계보건기구와 함께 코로나19 데이터를 성별과 나이에 따라 분류하려고 노력하고 있다. 풀뿌리 단체들 또한 정부에 압력을 가하고 있다. 예를 들어 데이터 포 블랙 라이브스Data for Black Lives는 미국 전역에서 코로나 감염률과 사망률이 인종에 따라 다르게 나타나고 있음을 알리는 활동을 하고 있으며, 정확한 자료를 발표하지 않는 주 정부가 어디인지도 아울러 알리고 있다. 앞서 코로나 합병증인 폐렴을 빠르게 진단할 수 있도록 흉부 엑스레이 사진 데이터베이스를 구축했다고 소개한 인드라 조시는 "인구가 얼마나 다양하게 구성되어 있는지를 아는 것은 정말로 중요해요. 우리는 데이터베이스에 다양하고도 대표적인 이미지를 포함하도록 열심히 노력하고 있어요. 그래야 소수가 아닌 다수에게 결과물이 유용하게 쓰일 수 있으니까요"라고 말했다. 인드라는 팬데믹 시대에 다른 많은 부모와 보호자가 그렇듯이 뒤뜰에서 춤을 추고 있는 다섯 살 아이를 돌보면서 일을 할 수 있다는 기쁨을 충분히 만끽하고 있다!

앞으로는 우리 스스로 건강 상태를 추적하는 일이 새로운 일상이 되고, 노동 시장의 미래를 위해 여성을 보호하는 일이 필수적인 부분이 되는 등 사회적 행동에 큰 변화가 생길 것이다. 날씬해지거나 요염해 보이기 위해서가 아니다. 건강 데이터로 바이러스에 취약한 사람을 알아내고, 코로나 바이러스나 다른 바이러스에 감염된 증상이 있는지를 추적할 수 있기 때문에 이런 행동 변화를 권장할 것이다.

하지만 건강 상태를 추적하는 일은 여성들에게 윤리적 문제를 불러일으킬 수도 있다. 우리는 25세부터 49세까지의 가임기 여성은 고용주들로부터 '출산 때문에 일을 그만둘 위험이 있다'는 평가를 받으며 기피의 대상이 되고 있다는 사실을 잘 알고 있다. 물론 출산이나 양육, 혹은 한 사람의 건강 상태 때문에 고용에 불이익을 주는 것은 불법이지만, 이런 편향이 무의식적으로 여성에게 어떻게 작용할 수 있는지를 고려하는 것은 중요하다. 따라서 우리가 사용하는 시스템이 수집된 데이터로 시민을 범주나 계층으로 구별하지 않도록 반드시 개인정보를 안전하게 추적하고 보호해야 한다.

나는 현재 이런 논쟁의 중심에 있는 내 친구, 에이미 톰슨과 이야기를 나누었다. 에이미는 여성의 호르몬 변화를 파악할 수 있는 앱 개발 회사 무디 먼스Moody Month의 창립자이자 CEO다. 무디 먼스에 투자를 고려한 많은 사람이 에이미가 이 데이터를 판매해 수익을 올릴 것이라고 생각했다. 그러나 에이미는, 자사 고객 가운데 수년 안에 임신할 가능성이 매우 높은 여성들의 정보를 알고 싶어 하는 기업이 많더라도 마케팅 활동을 하려는 외부 기업에 데이터를 넘기는 일은 절대로 없을 것이라고 단언했다. "현재 우리는 모든 데이터를 익명으로 처리하지만, 그보다 더 중요하게 생각하는 것은 어떻게 해야 지구촌 여성들을 데이터 취약성으로부터 더 잘 보호하는가예요. 여성의 경제적 자립은 미래의 성평등 실현에 아주 중요해요. 여성의 기술 취약성이 악화하지 않고 성평등을 이룰 수 있게 여성을 돕는 기술을 개발하려면 개인정보를 보호하는 일이 가장 중요해요." 나는 모든 앱 개발자가 에이미 같으면 좋겠다고 소망하지만, 슬프게도 현실은 그렇지 않다.

이런 상황에서 내가 해주고 싶은 조언은 이거다. '정신 바짝 차려라!' 리폼Reform의 연구소장이자 기술혁신 책임자인 엘리오노라 하리치Eleonora Harwich는 아주 중요한 조언을 해주었다. "앱의 사용을 허락할 때는 신중해야 해요. 의료 분야처럼 아주 규제가 잘되어 있는 시장에서도요. 데이터를 소름 끼치는 방식으로 사용한다고 해도 그게 합법일 수도 있어요. 왜냐하면 그 앱은 모든 사용자의 데이터를 완벽하고 안전하게 보장한다는 허락이 아니라 그런 행동을 해도 된다는 허락을 사용자에게 받았을 수도 있으니까요. 어떤 편향이 사용자에게 나쁜 영향을 미치기 전이라면, 사용자를 보호하는 규제는 작동하지 않아요. 그러니까 어떤 앱을 설치하려면 먼저 그 앱이 정말로 안전한지를 살펴보고 파악해야 해요."

이 장에서 다룬 이야기들이 팬데믹이 사회와 경제에 미치는 파급을 완화하기 위해 출시한 기술에 좀더 자신감을 가지고 참여하는 데 충분한 정보가 되었기를 바란다. 아직은 나도 어떻게 반응해야 하는지를 결정하지 못했지만, 다행히 나에게는 내가 선택할 수 있도록 훌륭한 정보를 제공해줄 친구들이 있고, 지식이 있다. 개인정보를 보호할 수 있게 돕는 기술을 발견하거나, 보상을 위해 조금 더 위험한 기술을 받아들이거나, 그 중간에 해당하는 기술을 찾게 될 것이다!

7장

'부드러운 기술'을 보유한 사람들

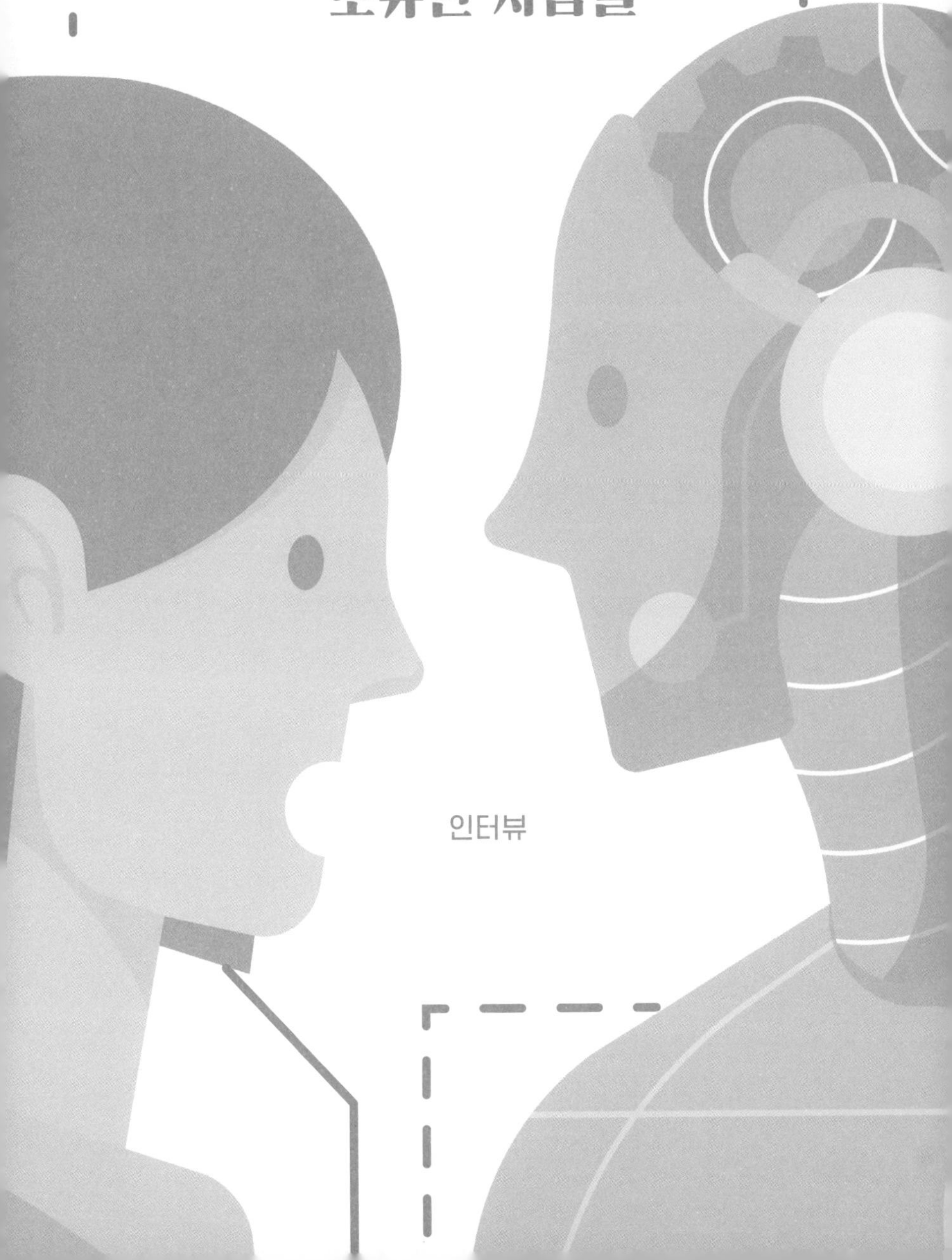

인터뷰

코그니션엑스에서 일하는 동안 나는 AI와 대화하는 방법을 알려줄 수많은 여성을 만나는 행운을 누릴 수 있었다. 그 여성들의 목소리를 이곳에 정리했다. 이 여성들 중에는 정말로 어려운 프로그램을 짜는 컴퓨터 프로그래머도 있고, 공학자도 있다. 하지만 내가 소개하고 싶은 대부분의 여성은 나처럼 순수미술·역사·수학·철학·패션처럼 다른 분야에 있다가 기술 분야로 진출한 사람들이다. 전통적으로 이런 여성들이 보유한 기술은 '부드러운 기술soft skill'이라고 묘사되어왔지만, 바로 이런 기술들이 기술 세계와 AI 세계에서 성공적으로 일하면서 번창할 수 있는 핵심 능력이다.

앨릭스 던

ALIX DUNN

“기술 관련 이야기를 하려면
스스로 기술자가 되어야 한다는 생각에서
벗어나세요.”

앨릭스 던은 전 세계 여러 기관에 윤리적이고도 책임감 있는 기술을 구축하는 데 필요한 토대를 어떻게 마련할 수 있는지를 알려주는 기업가다. 기술과 사회가 교차하는 곳에는 언제나 앨릭스가 있다.

앨릭스는 '기술적 직관technical intuition'이라는 용어를 만들었다. 앨릭스에게 용어 설명을 처음 들었을 때, 구름이 걷히는 듯한 느낌이었고, 말로는 표현하지 못했던 나의 일부분을 비로소 이해한 것만 같았다. 앨릭스는 반드시 코딩을 배워야 한다는 기분을 느끼지 않아도 기술에 관해 개인적이고도 정치적인 선택을 할 수 있다는 자신감을 심어주었다. 앨릭스와 그녀의 조언을 여기에 소개하고 싶은 이유는 누구나 기술적 직관을 가지고 있으며, 앨릭스가 그 직관을 발휘하고 발전시킬 수 있는 방법에 관해 엄청난 조언을 해주었다는 사실을 진심으로 믿고 있기 때문이다.

좋아요. 가장 중요한 것부터 물어볼게요. 기술적 직관이란 무엇인가요?

아마도 비슷한 종류의 직관들을 설명하는 것으로 시작하는 게 좋을지도 모르겠네요. 도로를 건너는 우리를 향해 달려오는 무겁고 빠른 자동차들은 우리 몸을 다치게 할 수 있다는 것을 알고 있죠. 엄청나게 많이 구입한 식료품을 작은 종이 가방에 다 담을 수 없다는 사실을 알고 있어요. 친절을 베풀려면 애를 쓰고 노력을 해야 하지만, 친절한 것이 옳은 일임은 알고 있어요. 이런 직관들은 직접 경험한 사실이나 교육, 사회적 의사소통 과정을 통해 한 사람의 일생이나 수천 년이라는 인류의 시간을 거치며 발전해온 것들이죠. 우리가 세상과 어떤 관계를 맺느냐 하는 측면에서 우리의 일상생활에 얼마나 빠른 속도로 디지털이라는 층위를 집어넣을 수 있는가는 아주 큰 의미가 있어요. 이 세상을 함께 살아가는 사람들이 타인을 이해하려면 심리학 학위를 받아야 한다거나, 거리를 걸으려면 자동차 전문가가 되어야 한다는 생각은 하지 않잖아요. 그런데 왜 디지털 권리를 주장하려면 공학자가 되어야 한다고 생각하는 걸까요? 어째서 근무 일수를 데이터로 변환하는 일이 고용권에 어떤 영향을 미치는지를 알려면 데이터 과학자가 되어야 한다고 생각하는 걸까요? 온라인에서 사업을 하려면 서버를 구축하는 방법을 배워야 한다고 생각하는 건 왜일까요?

기술적 직관이란 현실 세계의 공간에서 그렇듯이 디지털 공간에서 능숙하게 살아가고 디지털을 능숙하게 활용하기 위해 반드시 알아야 하는 지식과 직감의 층위라고 할 수 있어요. 기술적 직관은 어느 정도는 '전문적으로 기술을 배우지 않은' 사람이 기술 관련 질문을 하는 것이 얼마나 가치 있는지를 알리고, 코딩을 배울 필요도 없고 배우지도 않을 사람들을 위해 기술적 직관을 발달시킬 수 있는 지식과 교육 방법을 개발할 수 있게 도우려고 만든 용어예요.

기술적 직관에는 어떤 것들이 있나요?

기술적 직관은 현재 존재하는 사람들의 수만큼이나 많은 형태와 규모로 존재할 수 있어요. 특정한 기술의 모든 측면을 배우고 싶어 하는 사람들도 있어요. 퍼즐의 한 조각에서 탁월한 능력을 발휘함으로써 다방면의 경력을 쌓을 수 있도록 말이죠. 그런가 하면 새로운 개선책에 흥미가 있고, 그 개선책을 진짜 문제를 푸는 데 실질적인 방법으로 사용하고 싶어 하는 사람들도 있죠. 조직이 성장하고 기술 변화에 적응하도록 이끄는 데 관심을 가진 사람들도 있고요. 모든 것을 아는 사람은 없으며, 아무것도 모르는 사람은 없다는 전제에서 출발한다면, 먼저 자기 자신의 열정과 학습 스타일을 확인하는 게 좋아요. 그러면 성향이 다른 사람들의 조언을 조금 더 쉽게 구할 수 있고, 시간이 지날수록 자신의 장점을 개발하는 방법을 조금 더 쉽게 배울 수 있을 거예요. 마치 창조적인 일을 하려는 협업 팀을 관리하는 일 같지요? 맞아요. 전문적인 일을 하고자 하는 사람들이 서로 협동할 수 있는 연결망을 만들어야 해요. 마치 기존 조직들이 기술을 이용해 더 많은 일을 할 수 있도록 이끄는 일과 같지요? 맞아요. 당신에게 새로운 가능성이 뜻하는 바를 알려주고 여러 사람의 협력을 이끌어낼 수 있게 도와줄 사람들을 찾아야 해요. 어떤 기술을 구현해야 한다고 하면 사람들은 해당 분야의 전문 지식을 갖춘 사람을 찾아야 한다는 점을 지나치게 강조해요. 하지만 특히 기술 전문가야말로 성공하려면 다른 지식을 가진 사람들의 도움이 필요해요. 기술에 관해 많은 것을 알고 있을 때 추구해야 할 기술적 직관은 실질적인 협업을 통해 여러 전문 지식을 통합하는 능력이에요. 기술적 직관은 우리가 사용할 기술을 선택하는 방법을 아는 것이고, 그 기술을 어떻게 활용해야 하는지 아는 것이며, 언제 기술 시스템과 실패한 정책에 관해 화를 내야 하는지를 아는 것이고, 기술이 변화하는 동안 어떤 질문을 던지고 어떻게 해야 그 기술을 이해할 수 있는지를 아는 것이에요.

어떻게 해야 모든 사람이 기술적 직관을 기를 수 있을까요?

무엇보다도 기술 관련 이야기를 하려면 기술자가 되어야 한다는 생각에서 벗어나야 해요. 두 번째로는 현재 자신의 기술 개념이 어디에 발을 딛고 있는지 생각해봐야 해요. 더 많이 탐구할 수 있는 기술에 관해서 무엇을 알고 있으며, 그 지식을 어떤 기술 영역에 연결할 수 있는지를 생각해봐야 하는 거예요. 어떤 기술이 자신을 신나게 하며, 그 신남을 진짜 행동으로 바꾸려면 어떤 지원을 받아야 하는지도 파악해야 해요. 그렇게 시간을 들여 노력을 하면 새로운 개념에 대해 더 많은 지식을 쌓게 되고, 아이디어를 구체화해줄 전문용어를 배울 수 있는 길을 찾게 될 거예요. 다양한 전문 지식을 가진 사람들을 만나야 해요. 그래야 좋은 질문을 하는 법을 배우고, 자신만의 학습 방향을 잡아갈 수 있어요. 결국 외국어를 배울 때면 그렇듯이 전문용어를 알면 기술에 관해 꿈을 꾸고 상상할 수 있게 돼요. 무엇을 만들 수 있을까요? 시스템이 어떻게 작동하는지를 배우고 시스템의 이면을 탐색하고 싶다면 어떻게 해야 할까요? 핵심은 새로운 학습이나 실험을 자신의 직관을 기르는 기회라고 생각하고, 자신의 길을 구축해가야 한다는 거예요. 여러분은 수동적인 기술 소비자가 아니니까요. 누구나 기술을 고안하고, 자신만의 기술을 만들어갈 수 있어요.

어째서 어떤 여성들은 자신이 기술과는 거리가 멀다고 생각하는 걸까요? 도대체 어떤 장벽이 가로막고 있는 거죠?

그건 가면증후군•과 기술 '전문가'에 대한 우상화와 밀접한 관련이 있는 것 같아요. 가면증후군은 웃기는 용어예요. 그걸 경험하는 사람은 결점이 있다는 뜻이니까요. 기술 분야에 종사하는 여성들에게는 분명히 무언가 다른 것이 영향을 미치고 있어요. 여성들은 학교에서, 직장에서, 사회에서 기가 꺾이고 있어요. 그런 분위기에서 여성들은 당연히 자신의 능력에 의문을 품게 돼요. 프로젝트를 진행하거나 멈추는 능력을 과소평가하고, 역량과 협력보다는 허세를 더 존중하는 쪽으로 결정을 내려요. 게다가 남자들의 관점이라는 저절로 지속되는 (잘못된) 인식을 계속해서 고양하는 거예요. AI 분야에서는 이 분야의 특성 때문에 상황이 더 나빠요. AI 사업이 성공하려면 지나치다 싶을 정도의 자신감을 가지고 사업에 임해야 하기 때문이에요. 투자를 받을 수 있는 AI 사업을 구축하려는 경쟁이 그 수가 얼마 되지 않는 전문가를 고용해야 한다는 상황으로 몰아가기 때문이기도 하고요. 기술 분야에서 경력을 쌓으려는 여성들은 모든 수준에서 도전에 직면하게 되는데, 그런 상황은 특정 전문 분야가 과대평가되고 있는 시장에서 유리한 남성들에게 더 많은 이득을 가져다줘요.

• 자신의 성공이 노력이 아니라 순전히 운으로 얻어졌다고 생각하며 불안해하는 심리.

어떻게 해야 이 시스템을 좀더 포괄적으로 바꿀 수 있을까요? 어떻게 해야 기술 분야에서 여성들이 더 자신감을 갖게 될까요?

그 책임은 여성 개인에게 있지 않아요. 여성은 자신감이 부족하다는 것이 문제가 아니에요. 업계에 변화가 필요해요. 일터는 여성 리더들이 이 분야에서 새로운 일을 시작하기에 편안하다는 느낌을 받을 수 있는 공간이 되어야 해요. 내가 여기에서 보탬이 될 이러저러한 일을 하겠다고 말할 수 있을 만큼요. 그저 현 상황을 받아들이고, 그것을 돌파할 방법을 찾을 게 아니라요. 아이러니하게도 나는 사회적 소외와 가혹한 현실을 받아들여야 한다는 압력 때문에 여성들은 복잡한 요구들을 조율해야 하는 의사결정 과정을 더 잘 설계할 수 있다는 사실을 알게 됐어요. AI 시스템을 설계하는 것만큼 복잡성이 필요한 분야가 또 있을까요? 나는 여성이 헤쳐 나가야 하는 사회적 조건 때문에 여성들은 특정한 능력을 날카롭게 기르게 된다고 생각해요. 하지만 그렇다고는 해도 여성의 능력과 역량에 대한 가정은 아주 신중할 필요가 있어요. 그런 가정들이 경로 의존성*으로 여성의 직업 제한을 심화할 수 있기 때문이에요. 여성들은 기술적으로 능력이 있고 힘이 있어

* 과거에 만들어진 제도나 사회 구조, 규칙 따위가 더 이상 효율적이지 않다는 것을 깨달은 뒤에도 과거의 관습을 그대로 유지하는 현상.

요. 기술을 혁신하고 기술적인 목표를 달성하고자 하는 여성들을 제도적 독성이 좌절시키고 있는데, 이런 제도적인 독성을 제거하는 일을 포기하지 말아야 해요.

로봇과는 어떻게 대화하나요?

로봇과 대화하는 건 정말 짜증나는 일이었어요. 짜증이 난 건 대부분 로봇과 상호작용하려면 어때야 한다며 부추기는 내용 때문에, 그리고 로봇으로 인한 힘의 분배 때문이었어요. 힘이 있는 기업은 손쉬운 방법을 찾으려고 AI를 구매해요. 하지만 AI가 기대만큼 손쉬운 방법이 되어주지 못할 경우 그 실패의 대가를 개인이 치르게 해요. 어쩌면 우리를 로봇에 종속시키려는 회사나 정부를 가만두지 않겠다는 소비자나 정치 세력이 있을 수도 있어요. 하지만 그런 사람들은 대부분 우리가 대표라고 외치면서 온라인 채팅방에 갇혀 있을 가능성이 커요. 사람들은 로봇이 하는 일을 과대평가했다가 실망하거나 좌절할 수도 있고, 과소평가했다가 무자비하게 감시를 받거나 표적이 될 수도 있어요. 내가 바라는 것은 기계가 할 수 있는 일과 할 수 없는 일을 명확하게 이해하고, 우리가 기계와 상호작용해야 한다는 압력을 받을 때 더 많은 통제권을 갖는 거예요. 지금 나는 눈을 크게 뜨고 손쉽게 기술을 활용할 수 있는 방법을 찾고 있어요. 사람에게서요.

샤마딘 리드

SHARMADEAN REID

"내가 사람들한테 보여주고 싶은 건
새로운 기술을 수용하는 일이
삶을 확장하는 데 도움이 되고,
사람들이 원하는 멋진 제품을 만드는 데
도움이 된다는 사실이에요."

샤마딘 리드는 기술을 활용해 여성이 경제적, 사회적, 문화적으로 힘을 갖게 하는 것이 자신의 사명이라고 말하는 기업가다. 샤마딘은 뷰티 전문가들에게 힘을 실어주려고 뷰티스택Beautystack이라는 플랫폼을 만들었다. 지금까지 뷰티업계 종사자들은 기술을 익힐 필요성을 느끼지 못했지만, 이제 소비자들은 버튼 하나만 눌러 모든 예약을 끝내고 싶어 하기에, 그런 소비자들을 위한 앱을 만들었다.

샤마딘은 스타일리스트로 경력을 시작했다. 우리가 알고 지낸 시간 동안 샤마딘은 언제나 시대정신을 포착했다. 내가 뉴욕 매니큐어라고 부르는 서비스를 처음으로 런던에서 받게 해준 WAH 네일의 설립자로 잘 알려진 샤마딘을 기술광狂이라고 부르는 사람은 없을 것이다. 하지만 정말로 샤마딘은 기술광이다! 기술을 위해 일하는 것이 아니라 기술이 자신에게 도움이 될 수 있음을 깨달아가는 샤마딘의 여정이야말로 우리가 반드시 알아야 할 핵심 사실 가운데 하나다. 여성이 일하고 사업을 성장시키는 데, 그리고 자신의 이익을 위해 기술을 활용할 수 있게 하려고 퓨처 걸 코퍼레이션Future Girl Corp.을 우리가 함께 설립한 것은 그 때문이다.

샤마딘, 당신은 어린 시절의 경험이 본인도 모르게 기술 세계를 위한 준비를 할 수 있게 해주었다고 생각하나요?

내가 기술과 관계를 맺게 해준 어린 시절의 경험을 꼽으라면, 두 가지를 말하고 싶어요. 무엇보다도 MTV가 중요했죠! 나는 완전히 사로잡혀버렸어요. 텔레비전 공급망이 엄청난 콘텐츠와 결합하면 수백만 명이 넘는 사람들에게 영감을 줄 수 있음을 알게 된 거예요. MTV가 나오기 전까지는 영국에서 보이밴드가 된다는 게, LA에서 록스타가 된다는 게 무슨 의미인지 몰랐어요. MTV는 이제는 소셜미디어에서 쉽게 접할 수 있는 다른 사람들의 삶을 지켜볼 수 있는 창이 되었어요. 다른 하나는 슈롭셔에 있는 토머스 텔퍼드 학교에 다닌 거예요. 1990년대 중반이었는데, 우리 학교는 그 시대를 훨씬 앞서간 정교한 기술 인프라를 도입한 시범 학교였어요. 수업 종은 울리지 않았고, 학생들은 모두 수업에 들어갈 수 있는 개인 카드를 가지고 있었어요. 카드에는 각 학생에 대한 세부 정보가 입력되어 있었고요. 우리는 모두 노트북을 사용했고, 타자와 비즈니스 수업을 의무적으로 들어야 했어요. 우리 학교의 독특한 교육 과정을 나중에는 다른 학교에서도 따라 했어요. 그때는 우리 학교가 얼마나 특별한지 몰랐죠. 일상에서 사용하는 기술이 삶의 경계를 얼마나 넓혀줄 수 있는지를 보여주는 놀라운 혁신이었어요. 이제는 내가 이루고 싶은 혁신이죠.

뷰티스택에서는 그전까지는 자신의 분야에서 기술을 쓸 필요가 없었던 사람들에게 기술을 소개해야 해요. 그 일을 하면서 가장 어려운 점이 있다면 무엇인가요?

가장 큰 어려움은 사람들이 갖고 있는 효율성에 대한 개념을 바꿔야 한다는 거예요. 기업 창업주들은 대부분 생산성과 효율성에 집착하는데, 아직 기술을 사업에 적용하지 않은 뷰티 종사자들에게 기술을 이용하면 삶이 더 효율적으로 바뀐다고 설득하는 게 힘들 수도 있어요. 그들에게는 효율성이 가장 중요한 요소가 아니기 때문이에요. 내가 사람들에게 보여주고 싶은 건 새로운 기술을 수용하는 일이 삶을 확장하는 데 도움이 되고, 사람들이 원하는 멋진 제품을 만드는 데 도움이 된다는 사실이에요. 그렇게 되면 더 많은 돈을 벌 수 있을 테고요!

고객들은 로봇과 어떻게 대화하나요?

우선 로봇과 말하는 건 사람과 말하는 것과는 다르다는 걸 알아야 해요. 사람처럼 대화하는 로봇이 나오려면 아직 멀었어요. 기계는 단순히 맥락을 모르는 정도가 아니에요. 울버햄프턴 출신의 나라는 여자와 대화를 한다는 것이 어떤 의미인지를 아예 몰라요. 다른 지역에서 온 다른 배경을 가진 여성과 말하는 것이 아니라요.

하지만 또 그 점이 재미있을 수도 있어요. 뷰티스택에서는 가입 과정을 도와주는 간단한 챗봇 형태의 문서 작성 시스템을 만들었어요. 사실 나는 온라인으로 서류를 작성하는 걸 정말 싫어하거든요. 그래서 우리 고객들은 그런 곤란을 겪지 않도록 기술을 이용해서 더 나은 서비스를 제공하고 싶었어요.

우리 챗봇을 사용한 사람들이 남기는 피드백은 이 기술에서 가장 즐거운 부분이에요. AI를 사용한 기술은 아니지만, 챗봇은 내 성격을 그대로 담았고, 고객들은 우리 챗봇과 대화하는 걸 좋아해요. 예상치 못한 상황이 벌어지기도 하지만 고객들은 챗봇을 이해해요. 미래의 AI를 만들 때는 언어학, 철학, 인류학을 반드시 포함해야 한다고 느끼는 건 바로 그런 이유 때문이에요.

정말로 있으면 좋겠지만, 아직은 없는 기술은 무엇인가요?

내가 만난 사람의 성격을 읽을 수 있는 플랫폼이 생기면 좋겠어요. 자동으로 MBTI를 알려주는 플랫폼 같은 거 말이에요. 나와 사람들이 가진 최상의 것을 꿰뚫어보고 이끌어낼 수 있는 능력이 있으면 좋겠어요. 한 사람의 성격을 즉시 이해할 수 있다면 AI는 갈등 해결에 대단한 역할을 해줄 수 있을 거라고 생각해요.

앤마리 이마피돈

ANNE-MARIE IMAFIDON

"당신과 함께할 사람들을 찾으세요.
이 여정을 혼자서 하려고 애쓰지 말고요."

앤마리 이마피돈은 컴퓨터 과학, 수학, 언어의 귀재인 영국인이다. 영재였던 앤마리는 열한 살에 최연소 여성 합격자라는 기록을 세우며 컴퓨터 과학 A레벨 시험에 통과했고, 스무 살 때 옥스퍼드대학교에서 수학과 컴퓨터 과학으로 석사학위를 받았다.

앤마리는 이공계에서 자신의 역할을 찾는 성인 여성과 여학생들 사이에서 유명 인사다. 앤마리의 경험과 개척자 정신은 그녀를 2013년에 스테메츠 공동 창업의 길로 이끌었다. 수상 이력이 있는 스테메츠는 5~22세의 차세대 여성들이 STEM(과학·기술·공학·수학) 분야에서 활약하도록 지원하는 사회적 기업이다. 스테메츠는 프로그램 운영하기, 패널 세션, 해커톤hackaton* 등의 대회를 열어 다양성과 균형이 존재하는 과학과 기술 공동체에 대해 위한 놀라운 비전을 사람들에게 보여주고 있다.

* 기획자, 프로그래머, 그래픽 디자이너 등이 팀을 이뤄 정해진 시간 내에 시제품 수준의 서비스를 개발하는 대회. 해킹과 마라톤의 합성어다.

앤마리가 과학 영재였다는 사실에 주눅 들지는 말자. 앤마리는 내가 만나본 사람 중에서도 특히 재미있고, 세상 물정에 밝은 여성이다. 우리는 앤마리에게서 많은 것을 배울 수 있다. 왜냐고? 앤마리는 잘못된 일을 보면 허튼짓이라고 소리 높여 말할 수 있는 사람이기 때문이다.

앤마리, 당신은 5년 동안 여학생들에게 코딩을 가르치고 있잖아요. 하지만 AI는 이제 더는 코딩이 필요 없는 시대를 열어가고 있는 거 같아요. 그런 시대를 대비해서 앞서가려면 어떤 기술을 익혀야 할까요?

코딩은 배우지 않는다고 해도 디지털로 의사소통하는 법을 배울 필요는 있어요. 학교에서 배우는 전통적인 기본 교육 과정은 '읽기, 쓰기, 말하기'잖아요. 이제 우리는 '디지털로 읽고 쓰고 말하는 법'을 배워야 해요. 미래 기술을 생각하면 디지털 문해력은 필수지만, 압도적으로 잘해야 한다는 뜻은 아니에요. 학교에서 쓰기를 배울 때 시인이나 기자가 되는 교육을 받는 게 아니잖아요. 하지만 쓰기를 모르면 살아가기가 힘들겠죠. AI도 마찬가지예요. AI를 활용하려고 반드시 전문가가 될 필요는 없어요.

스테메츠는 디지털 문해력이야말로 기술의 작동 방식과 진가를 알 수 있는 방법이자 학습에 편안함을 느끼고 학습 방법을 배울 수 있는 방법이라는 것을 가르쳐요. 결국 우리가 (아직 기술은 흉내 낼 수 없는 사람만의 특성이자 행동 양식인) 보살핌과 소통, 협력, 공감을 추구한다면 디지털 문해력이 있어야 해요. 디지털 문해력이야말로 성장하고 있는 AI 세계에서 번영하기 위해서, 그리고 AI 세계에 공헌하기 위해서 우리가 더욱 강화해야 하는 능력이에요. 그 출발점이 다른 사람에게서 배우는 것이든, 디지털 플랫폼을 사용하는 방법을 알게 되는 것이든, AI에 관한 글을 읽는 시간을 내는 것이든 간에, 디지털 문해력을 기르는 일이야말로 여학생들이 가장 큰 경기장에서 힘껏 달릴 수 있는 힘을 기르는 일이에요. 디지털 문해력을 기른다는 것은 천재가 된다거나 대단해지는 게 아니라 단지 5년 전보다는 더 잘 안다는 것, 5년 후에는 더 많이 알고 더 많이 향상된다는 것을 뜻해요. 그러는 데 필요한 것은 성장하겠다는 마음가짐뿐이에요. 자존감과 자신감을 기르는 방법을 배우는 것 또한 중요하죠. 기술은 세상을 변화시킬 거예요. 그러니까 여러분도 기술과 함께 변화하는 세상에 대한 적응력을 갖추고 있어야 해요.

통계대로라면 미래에는 80퍼센트에 달하는 직종이 디지털화가 될 거라고 해요. 그건 거의 모든 사람이 기술을 다루는 법을 알아야 한다는 뜻이잖아요. 지금까지 기술은 지루하고 무서운 거라고 생각하던 여학생들에게 어떤 조언을 해주고 싶으세요?

기술이란, 종이에 뭔가 자기 생각을 쓰려면 펜이 필요한 것처럼 그저 무언가를 가능하게 해주는 도구라는 사실을 알려주고 싶어요. 이미 좋아하는 것을 조금 더 즐길 수 있게 도와주는 도구가 기술이에요. 내가 해주고 싶은 조언은 함께할 사람을 찾으라는 거예요. 이 여정을 혼자서 해내려고 애쓰지 말고요. 온라인이나 오프라인에서 함께 배우고, 기술을 익히고, 지루하거나 겁나는 부분을 함께 공유할 수 있는 사람을 찾으세요. 기술은 그 기술을 사용하는 만큼만 좋을 수 있기 때문이에요. 살아가면서 겪는 일을 극복하는 데 기술이 어떻게 도움이 되는지를 가장 잘 파악할 수 있는 사람은 자기 자신이에요. 기술이 삶을 더 효율적으로 만들어주는지, 환경에 더 특별한 관심을 갖게 해주는지, 정신과 신체 건강에 도움이 되는지 등 무엇이든요. 어쩌면 이미 유튜브로 화장하는 법을 배우고, 운전 기술을 익히는 앱을 사용하고 있는지도 몰라요. 어쩌면 할아버지, 할머니께 그 기술의 사용법을 알려주고 있을 수도 있고요. 바로 그런 일을 조금 더 큰 규모로 한다고 생각하고, 어떻게 하면 잘할 수 있는지 생각해보는 거

예요. 일단 문제를 알고 해결 방법을 찾으려고 시도하면 인스타그램이나 블로그만 사용했을 때는 인지할 수 없었던 방식으로 기술의 도움을 받을 수 있어요.

아직은 없지만, 앞으로 있었으면 하는 기술이 있다면 무엇인가요?

순간이동 기술이 있으면 좋겠어요. 아직 순간이동 기술을 개발하지 못했다는 건 정말 아쉬운 일이에요. 나는 여행을 많이 하는데, 그때마다 공항이나 기차역에서 보안 검색대를 그대로 통과할 수 있다면 정말로 근사하겠다는 생각을 해요. 그러니까 나는 보안 검색 절차를 훨씬 쉽게 해줄 기술을 원하고 있어요. 제발, 서둘러줘요!

로봇과는 어떻게 대화하나요?

의외겠지만, 나는 기계와 대화하는 것을 좋아하지 않아요. 그 기술을 만든 회사들을 믿지 않기 때문이죠. 아이폰과 노트북에 설치한 스카이프로는 대화하지만, 그 외에는 대화하는 기기를 거의 사용하지 않아요. 이런 기기들을 사용할 때면, 내가 사람과 대면해서 대화할 때와 달리 대화하지 않는다는 걸 알았어요. 일상에서 나는 해야 할 일과 처리 절차를 체계적이고도 논리적으로 관리해요. 나와 파트너가 사용하는 비용을 스플릿와이즈Splitwise 같은 앱이나 스프레드시트 같은 프로그램을 이용해서 기술이 모든 것을 자동으로 처리하도록 해요. 나는 기술을 이용해서 아주 작은 부분에서 편리한 방법으로 내 작업의 효율성을 높이고 싶어요. 나는 아날로그인 불렛저널Bullet Journal• 도 쓰는데, 거기에는 내가 설치하고 자동화할 시스템에 관해 쓰고, 회계에 관한 아이디어를 정리해요. 그러니까 나는 기기에 말을 하는 것보다는 자판을 두드리는 걸 선호하는 편이에요. 통신사에 전화를 걸어 자동응답기가 '원하는 걸 말해보세요'라고 하면 나는 보통 음소거 버튼을 누르고 통신사에서 예전 방식대로 버튼을 입력해 일을 처리할 수 있게 해줄 때까지 기다려요.

• 해야 할 일과 일정을 작성하고 자신만의 아이콘으로 확인하며 관리하는 것.

제스 웨이드

JESS WADE

"사회는 여성을 찬양하는 일에는

영 소질이 없고,

애초에 우리에게는 여성 리더가 충분하지 않아요."

제스 웨이드는 영국 임페리얼칼리지 런던의 물리학자다. 제스는 물리학을 공부하는 여성들을 지지하고 젠더 편향을 해소하고자 STEM 과목을 대중에게 알리는 노력을 하고 있다.

당신은 혹시 조사할 일이 생기면 위키피디아부터 찾아보는 사람인가? 제스는 그런 사람이 많다는 것과 위키피디아에서는 과학과 기술 부문에 종사하는 여성을 너무나도 적게 다루기 때문에 사람들의 연구 결과가 왜곡될 수도 있음을 알고 있다. 이런 상황을 해결하려고 제스는 위키피디아에 유명한 여성 학자들에 관한 글을 600편 이상 싣는 작업을 지휘했다. 교육 분야에도 적극 관여하고 있는 제스는 미국 국무부가 지원하는 국제 지도자 초청 연구 프로그램 '더는 숨지 않는다Hidden No More'에 영국 대표로 참석했고, 와이즈(WISE) 캠페인 '젊은 여성 위원회Young Women's Board'와 여성공학회(WES) 평의회에 참여했으며, 영국 전역에 있는 교사들과 협력해 교육 박람회와 교사 회의에서 기조 강연을 하는 등 여러 활동을 하는 '흥미로운 물리학 네트워크

Stimulating Physics Network'를 운영하고 있다. 학교 활동이나 축제에 참여해 학생들을 돕고 있으며, 임페리얼칼리지 런던에서는 여학생들을 위한 다양한 이벤트를 기획하고 있다. 어쩌면 네일 관리실에 들어가 손톱에 별자리를 붙여달라고 부탁한 유일한 여성일 수도 있다.

제스, 당신은 여학생들을 위해 STEM 과목을 알리는 지원 활동을 많이 해왔잖아요. 교육 분야에서 당신이 부족하다고 생각하는 건 무엇인가요?

내가 만난 성공한 여성 과학자들은 단 한 명의 예외도 없이 고등학교 때 선생님한테 고마워했어요. 별의 생성 과정을 알려준 물리학 선생님, 불꽃 시험을 보여준 화학 선생님, 복잡한 증명을 이끌어낼 수 있게 도와준 수학 선생님……. 하지만 영국에서는 뛰어난 과학 교사가 많지 않아서 젊은 친구들은 대부분 그런 선생님을 만나는 운을 누리지 못해요. 아마 이 책을 읽는 분들에게도 그런 특별한 선생님이 없었고, 그 결과 어떤 과목은 평생 제대로 공부하지 않고 미루기만 했을 거예요. 영국은 세계 최초로 초등학교에 컴퓨터 과학 의무교육을 도입한 나라지만, 여전히 그 과목을 제대로 가르칠 선생님이 없어요. 이 책을 읽으며 알게 되겠지만, 흥미로운 디지털 혁신이, 혹은 AI 개발이 모두 컴퓨터 화

면 뒤에서만 일어나는 건 아니에요. 내가 생각하기에 가장 흥미로운 연구와 교육은 여러 과목 사이의 경계면에서 일어나요. 하지만 강의 계획서를 벗어나는 기술을 적절하게 알려줄 뛰어난 교사가 없다면 학제 간 수업이 제대로 진행될 리 없어요. 젊은 사람들을 얼마나 일찍 전문가로 만드느냐도 또 다른 문제예요. 아이들은 서너 가지 과목에 집중해 앞으로의 인생을 규정짓는 것이 아니라, 십 대 시절을 자신이 누구인지를 알아내는 시간으로 사용해야 해요. 우리는 직업 지도에는 소질이 없어요. 독자나 독자의 부모님, 혹은 기술이나 데이터를 다루는 지인이 없는 사람이라면, 이 책을 읽는 동안 처음으로 자신도 기술 분야에서 잘 해낼 수 있음을 깨닫게 될 수도 있어요.

다시 학교로 돌아가 로봇과 대화할 준비를 한다면, 무엇을 했을 것 같나요?

어렸을 때는 파워포인트로 발표 자료를 만들거나 줌비니나 심즈 게임을 하거나 웹사이트를 만들면서 시간을 보냈어요. 오빠랑 나는 각자 침실을 호텔처럼 꾸미고, 다른 방에서 서로 인터콤으로 연락하면서 호텔을 예약했고, 둘 중 한 명이 엑셀로 스프레드시트를 만들어서 예약이 다 찼는지를 점검했어요(물론 예약이 다 찬 적은 없었죠). 새로운 기술이 등장하면 우리는 부모님이 그 기술을 익히는 동안에 같이 배울 수 있었어요. 혹시 처음으로 보낸 문자 메시지를 기억하세요? 난 '완전 신나!'였어요. 첫 문자는 내가 그 기술을 두려워하지 않는다는 걸 보여주는 아주 괜찮은 시작이었다고 생각해요.

지금 다시 학교로 돌아간다면, 과학이나 기술 수업 시간이 아닌 다른 시간에 이 책에 실린 개념들을 토론해볼 거예요. 아이들은 소셜미디어 플랫폼에 자기 인생의 모든 순간을 기록하잖아요. 그러니 우리는 아이들에게 그 정보를 누가 소유하게 되는지, 온라인에서는 어떻게 해야 자신을 보호할 수 있는지, 그런 기술들을 이용해 어떤 이득을 얻을 수 있는지를 말해줄 책임이 있어요. 아이들이 휴대전화를 자꾸 감추게 하지 말고 애초에 어째서 우리가 휴대전화에 중독되는 것인지, 휴대전화를 학습에 도움이 되는 방향으로 사용하려면 어떻게 해야 하는지를 아이들과 토론해볼 거예요.

여성이 자기 분야에서 인정받지 못하는 이유는 뭘까요?

이건 정말 이중으로 어려운 질문이에요. 여성이 자기 분야에서 인정받지 못하는 한 가지 이유는 역사와 사회가 여성을 찬양하는 일에 서툴기 때문이고, 또 다른 이유는 애초에 여성 리더가 충분히 많지 않기 때문이에요. 여성이 투표권을 행사하고, 재산을 소유하고, 대학에 입학할 권리를 얻은 건 불과 100년밖에 되지 않았어요. 게다가 남성 과학자 중에는 여전히 여성이 남성보다 지적으로 열등하다는 주장을 입증하려고 애쓰는 사람도 있어요. 내가 이렇게 열정적인 활동가가 된 것은 앤절라 사이니의 『열등한 성: 과학은 어떻게 성차별의 도구가 되었나?』를 읽고 나서였어요. 편향이 과학 실험을 설계하고 해석하는 데 어떻게 영향을 미치는지, 우리의 가부장적인 세계가 여성들의 목소리와 경험을 어떤 의도로 이용하는지를 말해주는 책이에요.

하지만 나는 점점 더 나아지고 있다고 생각해요. 지금이 젊은 여성으로 살기에 가장 신나는 시기라는 걸 진심으로 믿어요. 우리에게는 영감을 주는 그레타 툰베리, 아르테미사 사크리아바, 알렉산드리아 오카시오코르테스, 시몬 바일스 같은 영웅이 있으니까요.

다른 여성들은 이 변화를 어떻게 도울 수 있을까요?

오바마 행정부에서는 여성들이 결국 여성의 좋은 아이디어가 채택될 때까지 서로의 생각을 반복해서 거론해주고 널리 알렸어요. 그것이야말로 여성의 아이디어가 사장되지 않게 하는 현명한 방법이라고 생각해요. 이 책을 읽는 모든 사람이 자신만의 치어리더를 갖기를 원해요. 자신을 지켜주고 지지해줄 사람을 갖는 거예요. 그건 가장 친한 친구일 수도 있고, 어머니일 수도 있고, 고모나 이모일 수도 있어요. 고등학교 프랑스어 선생님일 수도 있고요. 그 사람들과 교류하면서 성공을 축하하는 거예요. 하지만 그런 사람이 없다면, 한 사람을 찾아내서 치어리더가 되어주고, 그 사람이 다른 사람의 치어리더가 될 수 있게 해주세요. 가장 친한 친구에게 이 책에 관해 말해주고, 그 친구가 다시 자기 친구에게 말해주게 하는 거예요.

로봇과는 어떻게 대화하나요?

나는 십자말풀이를 좋아하는데, 어려운 단어를 찾을 때는 시리의 도움을 받아요. 그건 기술적으로 말해서 부정행위는 아니니까요. 안 그런가요? 사실 올바른 처방전을 재빨리 찾아내는 로봇 약사에서부터 자동으로 화학 반응을 설계하고, 엄청난 규모의 데이터 세트를 분석하는 일에 이르기까지, 과학자와 로봇의 상호작용으로 이득을 얻는 실험실은 아주 많아요. 실험실 밖에서는 주로 위키피디아에 기고해 로봇에 대해 가르쳐주려고 해요. 위키피디아에 올라간 내용은 구글이 거의 실시간으로 동기화해요. 알겠지만 어떤 내용을 검색하든 위키피디아가 가장 먼저 나와요. 그건 위키피디아의 내용을 시리와 아마존의 알렉사, 구글 홈이 익힌다는 거예요. 일상생활에서 이런 검색 기술이 점점 더 인기를 얻고 있다는 건 위키피디아에 가능한 한 정확하고 중립적인 내용을 담아야 한다는 우리의 책임도 커진다는 뜻이에요. 하지만 현재 위키피디아 편집자는 90퍼센트 정도가 남자예요. 그것도 주로 북아메리카에서 살고 있는 백인 남자죠. 이 남자들은 전함이나 유적지, 축구선수 등 자신들이 관심을 갖는 내용으로 위키피디아를 채워요. 여성에 관한 내용은 쓰지 않아요. 실제로 위키피디아에 실린 명사들 전기에서 여성이 차지하는 비율은 20퍼센트에 불과해요. 지난 몇 년 동안 나는 여성과 유색인의 전기와 업적을 올려 위키피디아에서 성 편향을 없애려고 노력했어요. 다음번에 시리에게 유명한 물리학자를 말해달라고 했을 때, 자동으로 백인 남자의 이름을 대는 일은 없게 하려고요.

어쩌면 내게는 내가 로봇과 대화하지 않을 방법이 무엇이냐고 물어보는 게 더 나은 질문인지도 모르겠어요. 몇 년 전에 내 친구가 뉴욕에서 「개인정보Privacy」라는 연극을 공연했어요. 그 연극을 보면서 우리의 모든 움직임을 추적하는 위치 정보 서비스부터 우리가 사용하면 우리 정보를 광고 회사에 넘기는 검색 엔진에 이르기까지 소중한 개인정보가 얼마나 많이 유출되는지 알았어요. 그 연극을 본 수천 명의 관객이 자기 휴대전화의 다양한 설정 옵션을 해제하고 브로드웨이 극장을 떠나던 모습이 지금도 기억나요.

언제 로봇과 대화해야 할까요?

우리에게 이득이 된다면 로봇과 대화해야 해요. 위험한 장소에서 사람들의 도움을 받아야 한다거나, 타고 있는 우버 택시가 교통이 혼잡한 곳을 피해갈 때나 앱을 사용해서 목축하는 양들의 상태를 알아야 할 때요. 우리가 로봇과 대화할 때 얻고자 하는 것이 무엇인지를 더 잘 이해하게 됐을 때, 그리고 우리가 대화하고 있는 상대가 정말로 로봇인지를 알 수 있는 아주 정교한 방법이 구축됐을 때 로봇과 대화해야 해요.

캐스린 파슨스

KATHRYN PARSONS

"가장 중요한 건
기술 변화에 대비할 수 있는 사고방식과
적절한 기술을 장착하는 거예요."

캐스린 파슨스는 케임브리지대학교에서 고전문학을 전공했고, 스물여섯 살에 첫 사업을 시작했다. 기술 교육 전문 회사인 **디코디드**Decoded의 공동 설립자이자 최고경영자다. 디코디드는 나이키, M&S, 유니레버, UBS 등의 기업을 상대로 데이터 아카데미를 운영하며 기계학습 같은 신기술을 빠르게 익힌 인재들을 양성하고 있다. 이들 기업은 디지털 시대를 선도하기 위해 복잡한 기술을 이해하려는 전 세계 여러 위원회와 지도자 양성 팀과 밀접하게 협력하고 있으며, 데이터 기술 격차를 해소하고 경제 분야에서 기술이 긍정적인 잠재력을 발휘할 수 있도록 노력하고 있다.

캐스린은 국제 '교육 혁명The Education Revolution' 총회에서 매회 기조연설자로 나서 자신의 믿음을 전한다. 이 자리에서 캐스린은 각국 정부와 기업 최고경영자, 개인 들이 기술을 배울 수 있게 돕고, 미래 경제의 일원이 되기 위해 할 수 있는 일을 알리고 있다. 영국이 코딩을 국가 필수 과목으로 채택하게 만든 캠페인을 성공적으로 진행했고, 2014년에는 교육 서비스 부문 대영제국 국가 공로 훈장을 받았다.

7년 전에 나는 엘라 키런Ella Kieran이 그리스에서 미디어 기업 WPP를 위해 주최한 스트림(STREAM) 콘퍼런스에서 탁자 밑에 웅크리고 있는 캐스린을 발견했다. 캐스린은 핑퐁파이트 클럽

Pinng Pong Fight Club 경기에서 입을 티셔츠를 직접 만들고 있었다. 누군가에게 그 일은 시간이 너무 많이 걸리는 지루한 일이겠지만 나는 너무나도 재미있어 보여서 곧바로 펜을 들고 캐스린이 앉아 있는 탁자 밑으로 기어 들어갔다. 그때부터 우리의 모험은 계속되고 있다! 우리는 목표한 바를 실현하겠다는 열정, 기술을 긍정적인 변화를 위한 도구로 사용할 수 있다는 믿음, 여성이 미래 정책을 수립하는 원동력이 되어야 한다는 절박함으로 의기투합해 사업을 시작했고, 변화를 위한 캠페인을 벌였다.

캐스린, 당신은 대학에서 고전문학을 공부했잖아요. 그런데 어쩌다가 코딩을 하게 된 거예요? 그 여정을 들려주세요.

케임브리지대학교 다우닝칼리지에서 로마와 그리스 고전문학을 공부했어요. 그런데 10년 뒤에 보니까 내가 코딩을 하고 있지 뭐예요. 어렸을 때부터 언어를 좋아했어요. 라틴어, 고대 그리스어, 프랑스어, 이탈리아어, 중국어를 공부했고, 심지어 나만의 언어까지 만들었어요. 나에게 언어는 해독을 기다리는 암호들이었어요. 언어 덕분에 새로운 사람들과 대화하고 관계를 맺을 수 있었을 뿐 아니라, 무엇보다도 언어 덕분에 새로운 세상을 알고 그 세상이 간직한 문화들을 알게 됐어요. 나에게 코딩은 또 다른 언어를 배우는 일이었어요. 하지만 그 언어는 우리를 둘러싼 미

래의 디지털 세상을 창조하고 수십억 사람들과 접촉할 수 있게 해주죠. 당연히 난 그 언어를 배우고 싶었어요.

코딩을 처음 시작했을 때 제일 먼저 만난 장벽은 배울 곳이 없다는 거였어요. 두 번째 장벽은 모든 사람이 나한테 할 수 없다고 말했다는 거고요. 나는 나이가 너무 많았고, 컴퓨터 과학을 배운 적도 없었고……, 여자였어요. 그래서 내가 배울 수 있는 곳을 직접 만들었어요. 디코디드를요. 무엇보다도 중요한 건 내가 나 자신에게 배워도 된다고 허락해준 거예요. 그 나머지는 역사가 되었죠. 하고 싶은 게 있으면 해도 된다고, 언제나 자신에게 허락해주어야 해요.

디코디드에서 당신은 데이터 고급 분석 기술을 배울 수 있는 데이터 아카데미를 운영하고 있잖아요. 당신은 그 교육을 사람들 손에 '강력한 도구를 쥐어주는 일'이라고 표현해요. 그 과정을 수강하는 여성들을 조금 소개해주세요.

현재 활용할 수 있는 새로운 데이터 도구들은 정말로 강력해요. 기계학습과 인공지능은 우리가 그전에는 생각지도 못했던 방식으로 문제를 해결하는 힘이 있어요. 디코디드는 이 도구들을 사람들 손에 쥐어주고 지금 하고 있는 일을 훨씬 잘할 수 있게 해주는 거예요. 여성들은 현명하게 문제를 해결할 줄 알아요. 내가

산업계 여러 분야에서 근무하는 놀라운 전문가들과 함께 무언가를 한다는 사실이 아주 신나요. 게다가 이 세상은 더 많은 문제를 여성의 시각으로 해결할 필요가 있어요. 우리는 기업가 고객들에게 자사 직원의 50퍼센트를 반드시 여성으로 채울 것을 권해요. 남성이 점유하고 있는 산업계에서는 분명히 어려운 일이에요. 하지만 디코디드는 기술 산업계 표준보다 훨씬 더 많은 비율로 여성을 고용하고 있어요. 디코디드라는 이름을 떠올리면 전통적인 '기술 교육'을 생각할 때와는 전혀 다른, 성 중립적이면서도 현대적인 따뜻한 기분을 느낄 거예요.

오늘날 배워둬야 할 가장 유용한 기술은 무엇인가요?

직원을 뽑을 때 고용주는 네 가지를 살펴봐야 해요. 배우겠다는 마음가짐, 일 처리 속도, 문제 해결 능력, 기술 관련 능력. 어떤 언어와 도구를 배우기로 선택하건, 기술은 늘 새롭게 조정되고 변화한다는 사실을 명심해야 해요. 가장 중요한 것은 인생은 평생 배우는 여정임을 받아들이고, 변화하는 삶에 맞게 자신을 조정할 수 있어야 한다는 거예요. 이제는 전통적인 의미의 기술 자격은 고용주의 요구 사항을 충족할 수 없어요. 그저 시험을 치르고 암기 학습을 한 사람만으로는 안 되는 거예요. 이제는 이력서에 학력을 쓰지 않아도 되는 회사들도 있어요.

지난 몇 년 사이 접근하기가 좀더 수월해져서 당신을 신나게 한 직업이 있다면, 무엇인가요?

CEO가 되는 거예요. 여성 기업가 혁명이 이제 막 시작됐어요. 이 혁명은 여성들에게는 물론이고 전체 경제에도 엄청난 기회를 제공할 거예요. 기업가라는 잠재력이, 아직 개발되지 않은 우물처럼 아직 누구의 손에도 닿지 않은 채 놓여 있어요. 자신의 아이디어를 사업으로 바꿀 수 있다는 자신감을 가져야 해요. 조금 무서워도 괜찮아요. 사업을 매개체로 자신이 보고 싶은 미래를 창조하세요. 당신의 사업에 당신만의 문화와 가치를 주입하세요. 무엇보다도 중요한 건 사람들의 생활을 즐겁게 해주는 제품을 만드는 거예요. 그건 절대 후회하지 않을 배움의 여정이 될 거예요.

AI가 직업의 종류를 바꿀 거라고 생각하세요?

반드시 사람이 해야 하는 일은 사라지지 않을 거예요. 사람들은 여전히 회계사가 되고, 음악가가 되고, 의사, 예술가가 될 거예요. 사람들은 여전히 보살핌을 받아야 하고, 배워야 하고, 즐겨야 해요. 하지만 이런 직업들은 진화할 테고, 직무의 많은 부분이 자동화되거나 기술과 통합될 거예요. 무엇보다도 중요한 것은 이런 변화에 대비해 각오를 다지고 적절한 기술을 익히는 거예요.

자신에게 이렇게 물어봐야 해요. 나는 어떤 분야에서 일하고 싶은가? 어떻게 해야 기술의 최전선에 있을 수 있을까? 나는 가능한 한 많이 배우며, 새로운 문제를 해결할 수 있는 새로운 도구를 활용하고 있을까? 이 질문들에 그렇다고 대답할 수 있다면, 바람의 도움을 받아 순조롭게 항해할 수 있을 거예요.

정말 모두 현명한 조언이에요. AI를 배우고 활용하고 싶은 이 책의 여성 독자들에게는 어떤 조언을 해줄 수 있을까요? 마음가짐을 바꿀 수 있었던 가장 좋은 방법은 무엇이었나요?

시작하는 사람을 위한 네 단계 비법을 말해줄게요.

첫째, 자기 자신에게 배울 수 있는 기회를 주세요. 늦은 때라는 건 없어요. 컴퓨터 과학을 배운 적이 없어도 괜찮아요. 그건 여자들을 위한 공부예요. 내가 할 수 있었다면, 당신도 할 수 있어요. 안 된다고 하는 말은 무시하세요. 우리 시대에 가장 중요한 주제와 기술을 익히고 활용할 수 있도록, 자기 자신에게 기회를 주세요.

둘째, 공부할 수 있는 환경을 조성해야 해요. 배우는 사람에게는 시간이 필요해요. 최소한 일주일에 네 시간은 공부해야 해요. 그

네 시간 동안 필요한 책을 읽고, 온라인 강좌를 듣고, 모임에 참석하세요.

셋째, 혼자 하려고 하지 말고 함께 공부하세요. 같은 목표를 가지고 공부하려는 사람을 찾아서, 함께 알아나가는 거예요.

넷째, 해결해야 할 문제를 찾으세요. 홀로 존재하는 기술은 의미가 없어요. 풀어야 할 문제를 찾고, 기술을 활용해 그 문제를 풀어보세요.

로봇과는 어떻게 대화하나요?

디코디드는 사람들에게 데이터 과학을 가르치는 곳이기 때문에 우리는 매일 로봇과 함께 일해요. 우리는 로봇이 하는 일을 사람의 언어로 번역(디코딩)하는 방법으로 '로봇과 대화'해요. 그와는 반대로, 사람들이 로봇과 상호작용할 수 있도록 지도하기도 하고요. 본질적으로 우리는 사람들이 기술을 이용해 문제를 해결하는 방법을 가르쳐주고 있고, 질병 진단에서부터 결함 감지, 음식 배분, 폐기물 감소 같은 광범위한 문제들을 검토해요.

디코디드는 사람들이 로봇과 융합할 수 있게 도와요. 데이터, 알고리즘, 코딩 언어는 각각 따로 있을 때는 그다지 큰 쓸모가 없을 수도 있어요. 로봇에게는 사람이 필요해요. 사람에게는 로봇이 필요하고요. 어느 정도는 사람이 이 방정식에서 가장 약한 부분이라는 기분이 들 수도 있지만, 전혀 아니에요. '사람 더하기 로봇'이야말로 미래의 문제 해결 기계예요. 우리는 기술을 이용해 문제를 해결하는, 인간의 능력이 흥미롭게 도약하려는 시점에 와 있어요. 우리 자신에게 정말로 물어봐야 할 것은 어떤 문제를 로봇에게 풀게 할 것인지, 그것이 충분히 중요한 문제인지, 그것이 우리 자신과 다음 세대를 위해 만들고 싶은 미래를 위해 꼭 풀어야 할 올바른 문제인지예요.

베스 싱글러

BETH SINGLER

"로봇화란

사람을 기계로 생각하기 시작했다는 뜻이에요."

베스 싱글러는 케임브리지대학교 인공지능연구소 부사수 연구원으로, AI 로봇공학이 갖는 사회·철학·윤리·종교적 함의를 연구하고 있다. 새로운 종교 운동과 디지털 정체성에 관한 사회인류학 연구로 학위를 받았으며, 수많은 논문을 발표했다. 대중 참여 작업의 일환으로 단편 다큐멘터리를 몇 편 제작했으며, 첫 번째 작품인 「기계의 고통」으로 2017년 예술·인문연구회(AHRC) 올해의 최고 연구영화상을 받았다. BBC 라디오4와 헤이 문학 축제에 참여했고, 런던 과학박물관, 첼튼엄 과학 축제Cheltenham Science Festival, 바비칸Barbican, 인간다움 축제Being Human Festival, 케임브리지 아이디어 축제Cambridge Festival of Ideas에서 개최한 전시회 기획에 참여했다.

나에게 베스는 사람과 기계가 서로에게 어떻게 녹아들어갈 수 있는지를 간결하게 말해준 첫 번째 사람이다. 그런 개념이 등장한 건 벌써 여러 해 전이지만, 베스는 사람이 기계와 상호작용하면서 결국에는 그러한 기계에 적응하기 시작한 상황을 이해할 수 있게 설명해주었다. 기계만 변하는 것이 아니라 '우리'도 변하고 있다. 베스는 그런 현상을 로봇화robomorphisation라고 부르는데, 이 개념은 반드시 알고 있어야 한다.

로봇과 대화하기 위해 우리 사람은 스스로를 어떻게 변화시키고 있을까요? 우리가 진화의 일부로서 해야 할 일이 있을까요? 아니면 우리가 미리 마련해두어야 할 안전 예방 조치가 있을까요?

자동화 시스템에 맞추려고 그저 우리의 행동을 바꾸는 것이 아닌, 더 많은 변화가 필요해요. 그건 우리가 특정 사례들을 통해 관찰할 수 있는 중요한 문화적 변화예요. 가장 명백하고도 치명적인 수준에서 이 문화적 변화는 우리의 다양한 본질을 인지하지 못하는 알고리즘 편향성을 다루는 일 등을 포함할 거예요. 게다가 우리 자신을 표현하는 법을 훨씬 단순한 시스템에 맞게 바꾸어야 하기 때문에, 훨씬 더 많은 관료주의를 다루게 될 수도 있어요. 이런 일은 콘텐츠 제작자가 관련 알고리즘의 의사결정 과정을 처리할 '직원'을 찾는다거나 회사에 지원하는 사람이 자동 의사결정 시스템이 선호하는 내용으로 이력서를 고쳐 쓸 때 일어날 수 있어요.

그런데 훨씬 더 깊고 위험한 문화적 변화가 지금 일어나고 있어요. 로봇과 대화하는 사람들이 의인화의 로봇 버전이라고 할 수 있는 로봇화에 푹 빠져 있다는 거예요. 사람을 기계라고 생각하기 시작한 거죠. 유압 장치, 전기 회로, 공장, 기계, 양자 등 사람의 본성을 그 시대의 기술적 관점 및 혁신과 관계 지었던 환원주의적이고도 은유적인 사고방식은 아주 오래전부터 있었어요. 사람을 기계로 보는 관점은 쥘리앵 오프루아 드 라메트리Julien Offray de La Mettrie와 데카르트 같은 철학자에게까지 거슬러 올라갈 수 있어요. 하지만 현대의 관점은 그저 철학적인 견해라거나 은유적인 장치라고만 말할 수는 없어요. 로봇화는 진지하면서도 실질적인 함의를 품고 있어요. 우리가 기계와 상호작용하는 기회가 많아질수록 사람을 기계로 보는 경향이 커져서 사람을 더 쉽게 대체할 수 있고, 더 내구성이 있으며, 더 가치가 낮은 존재로 보게 되는 거예요. 적절한 휴식과 더 나은 대우를 보장해달라며 파업한 아마존 직원들은 실제로 '나는 로봇이 아니다'라는 구호를 외쳤잖아요.

하지만 사람들의 마음에서 의인화를 없애기 힘든 것처럼 로봇화도 이제는 되돌리기 힘든 경향이 되었어요. 의인화를 거론할 때 사람들은 우리 본성에는 사람이 아닌 것을 사람으로 보는 경향이 '하드웨어로 내장되어' 있다고 말해요. 의인화에 관해서도 기술적인 은유를 사용해 표현하는 거예요. 따라서 우리는 로봇화의 관점이 갖는 사회적 함의를 다루고, 사람을 고용할 때는 인권을 고려하라고 주장해야 해요. 자동화는 특정한 경제적·정치적 이득을 불러오기 때문에 그렇게 해야 미래의 직업이 뻗어나갈 방향을 신중하게 살펴볼 수 있어요.

AI에 관해 생각할 때 우리는 왜 항상 '사람 대 기계'라는 표현을 떠올리게 되는 걸까요? 사람과 AI는 서로 한 팀이 되어 협력할 때 훨씬 더 일을 잘할 텐데요.

'사람 대 기계'라는 표현과, 그보다 훨씬 끔찍한 사촌 표현인 '로보포칼립스robopocalypse'*, 로봇 봉기 같은 표현은 현시대의 AI 기술이 갖는 복잡함이나 AI가 우리에게 어떤 일을 할 것인지에 대한 진실보다는 사람의 본성을 훨씬 더 많이 반영하고 있어요. 우리는 의인화를 통해 있지도 않은 곳에서 마음을 보는데, 사람의 마음에 관해 알고 있는 사실을 바탕으로 그런 마음들의 지향을 자의적으로 추론해 나쁘게 반응하는 거예요. 우리는 사람이 자유롭기를 원한다는 사실을 알기 때문에 마음이 있는 AI도 자유를 바란다고 생각해요. 우리는 사람이 폭력을 쓰고, 쩨쩨하고 비열해질 수 있음을 알기 때문에 AI의 성향도 반드시 그럴 거라고 생각해요. 인류는 역사적으로 늘 사람과 사람이 아닌 생명체를 노예로 부렸기 때문에 AI도 자신을 낳아준 '부모'에게 그런 일을 할 거라고 추론하는 거예요. 그 같은 관점은 과학소설에서 거듭해서 나오고 있고, 언론에서도 자주 다루는 인기 있는 주제예요.

물론 사람의 기술을 향상해주고 보완해줄 거라고 기대해서

* AI가 로봇 연구원들의 통제를 벗어난 상태를 의미한다. 대니얼 H. 윌슨의 과학 소설 제목으로, 로봇robot과 요한계시록을 뜻하는 아포칼립스apocalyse를 결합한 단어다.

AI와 함께 일하는 것에 들뜬 사람들도 있어요. 1996년 딥블루에 패한 체스 선수 가리 카스파로프처럼요. 2018년에 카스파로프는 "(체스에서) 졌지만 나는 살아남았고, 그 녀석들을 이길 수 없다면 함께하는 게 좋겠다고 생각했다. 이제는 기계와 함께 일하면서 최상의 알고리즘을 만드는 일 외에는 우리가 택할 수 있는 선택지는 없다"라고 말했어요.

이 분야에 종사하기 때문에 신나는 점은 무엇인가요?

나는 항상 조금쯤은 괴짜로 살아왔어요. AI에 관한 이야기를 해야겠다고 생각하기 전에도 박사후 연구원이자 인류학자로서 나는 젊은 시절 많은 시간을 로봇에 관한 이야기를 읽고 관찰하며 보냈어요. 우리가 상상하는 미래와, 파괴적인 기술이 등장해 우리를 파멸시킬 듯한 현실적인 미래가 교차하는 지점은 거대한 질문 몇 가지를 다시 고민해볼 시간을 준다고 생각해요. 아주 흥미롭죠. 난 철학자가 아니라서 '로봇에게 어떻게 말을 걸 것인가, 로봇을 어떤 모습으로 상상할 것인가'라는 질문에 조금 더 초점을 맞추고 있어요. 인간성에 관해 숙고해보는 방법은 아주 많은데, 나는 사람들이 우리가 한 추론이 옳은지 그른지를 생각하고 살펴본다는 사실을 알게 되면 아주 신이 나요! 그거야말로 연구하고 사색할 때 경험할 수 있는 매혹적인 순간이니까요.

사실 로봇과는 그렇게 자주 대화하지 않아요……. 스카이프로 코타나Cortana[*]와 대화를 한 적은 있는데, 내 또 다른 반쪽과 나는 코타나에게 핑ping[**] 명령을 입력하고 서로 반응할 것을 제안했지만, 그 반응이 너무 단조롭고 지루해서 어느 순간부터는 내가 코타나에게 소리를 지르고 있더라고요. 그러면 코타나는 반항을 하면서 그냥 꺼져버렸어요. 음, 코타나가 반항을 한 게 아닐 수도 있어요. 아마도 내가 스카이프의 설정을 바꿨는데, 그걸 깨닫지 못한 것일 수도 있거든요. 하지만 우리가 '로봇'과 상호작용하면서, 지향성intentionality[***]이 없는 곳에서 지향성을 추론하는 방식은 흥미롭다고 생각해요. 실제로 '우리가 AI 보조 장치를 친절하게 대해야 하는가'라는 주제로 열린 BBC 라디오4 토론회에 나간 적이 있어요. 안타깝게도 진행자는 로봇과의 상호작용이 아닌 일반 인공지능이 언제 개발될지를 묻더군요. 그때 이렇게 대답했으면 좋았을 걸 그랬어요. '기술은 아직 마음이나 의식 같은 것을 구현하는 단계에는 접근하지 못했어요. 하지만 그와 별개로 우리가 사람이 아닌 존재들에게 하는 행동은 우리 자신의 본성을 반

[*] 마이크로소프트에서 개발한 개인 비서 프로그램.

[**] IP 네트워크를 통해 특정 호스트가 도달할 수 있는지의 여부를 테스트하는 데 쓰이는 컴퓨터 네트워크 도구.

[***] 어떤 대상에 향하는 마음의 경향성을 말한다.

영합니다. 따라서 로봇에게 불친절하거나 비열하게 구는 건 우리의 타고난 인간성에 대해 무언가를 말해주는 겁니다'라고요. 물론 코타나에게 쓸모없다며 화를 낸 건 내 본성이 나쁘다는 걸 말해주죠. 하지만 난 내가 좋은 사람이라고 말한 적이 없어요!

로봇과 대화하는 일에 관심이 있는 사람들에게 추천해주고 싶은 책이 있나요?

내가 읽은 책들은 대개 '1차 자료'였어요. 그런 책들은 내가 연구하고 있는 공동체 내부의 관점을 담고 있어서 어떤 종류의 이야기가 로봇과 사람에 관한 우리 견해에 영향을 미치는지에 관해 통찰을 제공해줘요. 닉 보스트롬, 레이 커즈와일, 한스 모라벡 같은 사람들이 쓴 이 텍스트들은 우리가 로봇을 어떤 식으로 상상해야 하는지를 알려줘요. 지금까지 괴짜로 살면서 과학소설을 많이 읽지 않았다면, 지금 이 일을 하고 있지도 않았을 거예요. 그러니까 이미 유명한 과학소설들을 추천해요. 『블랙 미러*Black Mirror*』, 아시모프의 단편들, 카렐 차페크의 『R. U. R.』, 캐서린 M. 밸런트의 『고요하게 그리고 아주 빠르게*Silently and Very Fast*』 같은 책 말이에요.

케이트 데블린

KATE DEVLIN

"AI를 이용해 더욱 좋은 섹스를 할 수도 있어요.

사람들에게 즐거움을 주거나

사람들을 서로 이어줄 수도 있어요."

케이트 데블린은 킹스칼리지 런던 디지털인문학과 부교수다. 이 책에서 조언을 해준 많은 뛰어난 여성처럼 케이트도 기술 분야에서 경력을 시작하지 않았다. 컴퓨터과학으로 옮기기 전까지 고고학자가 되는 훈련을 받았지만 지금은 인간 컴퓨터 상호작용(HCI)과 AI 분야에서 사람이 기술에 반응하고 상호작용하는 방식을 연구하고 있다.

케이트를 소개해주고 싶은 이유가 있다. 로봇과 대화하는 것을 넘어 우리가 신체적으로나 감정적으로 로봇과 어떻게 친밀한 관계를 맺을 수 있는지 친밀함과 기술 분야를 넘나들며 이 주제에서 원동력 역할을 하기 때문이다. 케이트는 2016년 영국에서 처음으로 열린 성性 기술 해커톤을 운영했고, 영국 언론에 섹스 로봇에 관한 글을 기고해왔으며, 성 동반자인 로봇의 출현과 발달이 우리와 우리가 살아가는 사회에 미칠 영향을 탐구한 경이로운 책 『흥분 상태: 과학, 섹스, 그리고 로봇』을 출간했다. 나는 섹스 로봇에 관한 질문을 받을 때면 늘 얼굴이 붉어지고 페미니스트로서 당혹감을 느껴 온몸에 두드러기가 돋았는데, 그러다가 케이트를 만났다. AI와 섹스의 교차점에 관해 진지하지만 조금은 장난스러운 분석을 내놓는 케이트가 나는 정말로 고맙다.

케이트, 당신은 우리가 로봇과 감정적으로 친밀함을 쌓는 방법을 오랫동안 고민해왔잖아요. 그런 친밀함을 맺을 때 생길 수 있는 위험과 보상은 무엇인가요?

우리는 지금 기술을 통해 다른 사람들과 연결되는 방식이 얼마나 엄청나고 멋지게 변화하는지를 목격하고 있어요. 로봇은 전적으로 새롭고도 이제 막 생겨난 사회 범주예요. 로봇과 AI(특히 대화형 AI)는 우리 삶에서 놓칠 수 있는 평온함과 우정을 찾는 방법이 될 수 있어요. 대면 접촉을 대체할 방법을 말하는 게 아니에요. 그런 방법은 어느 누구도 원하지 않을 거예요. 하지만 집에 혼자 있을 때면 다른 사람의 목소리를 듣고 싶어서 텔레비전이나 라디오를 켜는 것처럼 로봇이나 AI와 대화를 하면 누군가와 함께 있고 보살핌을 받고 있다는 위로가 될 수 있을 거예요.

로봇과 대화하고 상호작용을 하면 사람과의 직접 대면에 서툴러질 수 있다고 걱정하는 사람들이 있지만, 그런 걱정은 대부분 두려움 때문이라고 생각해요. 자동화에 대해서도 같은 두려움을 느끼잖아요. 우리 삶의 중요한 일부를 통제할 수 없게 되는 거니까요. 하지만 진실은 우리는 사회 범주들 사이에 놓인 경계를 잘 안다는 거예요. 기계에 대한 감정적 애착이 사람과 상호작용하는 방식을 망칠 거라고 걱정할 근거는 전혀 없어요. 사람인 우리는 (그 기술이 인쇄기가 되었건 인터넷이 되었건 간에) 기술 변화를 잘 다룰 수 있고, 변화에 적응할 수 있어요.

로봇과 사람 사이의 친밀함은 어느 정도나 발달할 수 있고, 어느 정도나 발달해야 한다고 생각하나요?

동물이 복잡한 감정을 지닌 존재라고 가정하건(그럴 수 있어요!) 챗봇이 당신과 시시덕거릴 수 있다고 가정하건 간에(언젠가는 그럴 수 있을지도 몰라요) 우리는 분명히 살아 있음을 특징으로 하는 존재들에게는 언제나 우리의 감정을 투사할 수 있어요. 나는 다른 사람의 감정이란 게 상상에 불과하다는 것을 부인하지 않을 거예요. 보살핌이나 사랑이라는 감정은 반드시 맞교환해야만 생기는 건 아니에요. 맞아요, 우리는 그럴 때 친밀감을 느낀다고 생각해요. 하지만 우리가 정말로 그래야 할까요? 그런 감정은 어느 정도는 도움이 될 수도 있어요. 줄리 카펜터Julie Carpenter 박사는 병사들과 폭탄 처리 로봇을 연구했고, 병사와 로봇 사이에 형성된 유대감을 발견했어요. 그 유대감은 병사들의 목숨이(그리고 다른 사람들의 목숨이) 로봇이 적절하게 기능하는가에 달려 있다는 사실을 생각해보면 아주 유용한 거예요. 나는 그 유대감이 우리를 해치거나 우리의 감정을 상하지 않게 하는 한 로봇이나 AI에게 감정적으로나 정서적으로 유대감을 느끼면 안 될 이유가 없다고 생각해요.

당신은 『흥분 상태』에서 섹스 로봇의 출현에 관해 탐구했잖아요. 여성에 관한 고정관념을 강화하는 훨씬 자연스러운 로봇이 등장하면 여성을 더욱 대상화하게 될 거라고 걱정하고 있나요?

로봇공학에서는 대개 백인 남자를 표준으로 삼는데, 로봇이 그 밖의 사람들을 어떻게 표현할지 걱정이 돼요. 현재 섹스 모델의 전형적인 형태는 여성에 대한 고정관념을 환원해놓은 것 같아요. 그런 건 도움이 되지 않아요. 현재 섹스 로봇의 형태가 그런 모습인 것은 특정 신체부위를 과장한 바비인형 같은 여자가 '완벽한' 섹스 복제품이라는 생각에 집착하는 섹스 인형 시장에서 섹스 로봇을 생산하기 때문이에요. 인류는 사람 같은 로봇을 만드는 데 소질이 없어요. 그러니까 그런 접근법은 끔찍하다고 생각해요. 그런 로봇을 만드는 건 기술적으로도 굉장히 복잡하고 비용이 많이 드는 일이에요. 우리가 진짜 사람으로 착각하게 되는 로봇을 만들 수 있을까요? 나는 잘 모르겠어요. 그건 기술적으로 가로막힌 막다른 골목이 아닐까 생각해요.

AI가 인간이 섹스하는 방식까지 바꿀까요?

그럴 수도 있어요. 우리에게는 경험을 쌓을 수 있는 멋진 기

술이 있잖아요. 착용 가능한 기기를 이용하면 몰입감 있는 감각적인 상호작용을 하면서 좋아하는 활동에서 배울 수 있죠. 아니면 AI 파트너를 가질 수도 있어요. 섹스 로봇 기술의 발전을 이끌고 있는 리얼돌X RealDollx에서는 AI 여자친구 앱을 만들었어요(남자친구 버전도 만들고 있고요). 그러니까 스마트폰이나 태블릿에 있는 가상 여자친구와 함께 다닐 수도 있는 거예요. 일본에는 유리 실린더 안에서 홀로그램으로 애니메이션 캐릭터가 투사되는 게이트박스Gatebox 장치도 있어요. 그 캐릭터가 인사도 하고, 대화도 하고, 시시덕거리기도 하는 거예요. 아직은 AI를 장착하지 않았지만, 게이트박스 제조사는 앞으로 그럴 수 있기를 바라고 있어요.

결국 AI나 AI 관련 기술을 이용해 더 좋은 섹스를 할 수도 있을 거예요. 사람들에게 즐거움을 주고, 사람을 만날 수 있게 도와줄 수도 있겠죠. 그렇다고 사람의 근본 행동이 바뀌리라고는 생각하지 않아요. 다만 어떤 사람들에게는 더 나은 경험을 제공해 줄 거예요.

맥신 매킨토시

MAXINE MACKINTOSH

"AI는 건강 분야에서 놀라운 일을 할 수 있지만,

모든 해답을 가지고 있지는 않아요."

맥신 매킨토시는 건강 데이터 과학을 연구하는 사람으로 앨런 튜링 연구소, 옥스퍼드대학교, 영국 건강재단과 일하면서 전 국민을 위한 국민보건서비스 데이터 자료를 구축하고 있다. 소수자, 특히 여성이 건강 혁신 분야에서 미래의 지도자가 될 수 있도록 지원하고 응원하는 공동체인 원헬스테크One HealthTech를 공동 설립했다. 원헬스테크는 전 세계에 열다섯 곳이 넘는 지부를 두고 있으며, 회원 수는 1만 2500명이 넘는다. 인터뷰 당시 처칠 장학금을 받은 맥신은 건강 기술에 관한 최근 활동과 계획, 제품과 공동체들의 소식을 들으며, 아메리카 대륙 동부 해안과 아프리카 대륙 동부 해안을 여행하고 있었다.

데이터 편향에 관한 맥신의 강의를 처음 들었을 때, 청중을 쥐락펴락하며 무대를 사로잡은 그녀 때문에 나는 정말로 뒤로 나자빠졌다. 학자이면서도 스탠딩 코미디언보다도 더 재미있는 맥신 때문에 청중은 웃느라고 정신을 못 차렸다. 그 뒤로 우리는 패션과 밈, gif를 프레젠테이션에 활용하는 것을 너무나도 사랑하는 공통 취향 덕분에 한데 뭉쳤다. 우리 둘 다 해리 포터에 나오는 필요의 방을 갖고 싶어 한다.

나는 맥신이 AI와 의료 분야에 관해 내가 품고 있는 걱정과 희망을 이야기할 수 있는 완벽한 사람이라는 것을 알았다.

AI를 사용하는 의료 분야 가운데 여성인 우리가 특히 신경 써야 할 분야가 있을까요?

엄청난 데이터 세트와 수많은 지침, 환자에 대한 치료 경로가 필요하다는 점에서, 어떻게 보면 의료 분야는 궁극의 AI 영역이라고 할 수 있을 거예요. 의료 분야는 고도로 제도화, 법제화되어 있고, 거의 언제나 전체 인구 수준에서 규정돼요. 질병의 전파 속도와 감염 취약층이 누구이며 왜 그 사람들이 쉽게 감염되는지를 파악하는 역학 조사를 바탕으로 정부와 기업, 의료 기관은 적절한 행동 방침에 대해 중요한 결정을 내려요. 어떤 약물을 승인할 것인지, 어디까지 선별 검사를 할 것인지 등 다양한 지침이 그런 중요한 결정이 되겠죠. 그런데 사실 그런 지침은 AI하고는 관계가 없는 평범한 기본 통계학이에요. 어떤 지침이 전체 인구에서 평균적으로 효과를 낸다면, 어떤 사람에게는 잘 작용하고 어떤 사람들에게는 그렇지 않다는 얘기예요. 이런 문제에서 언제나 그렇듯이, 지침의 효과를 제대로 보지 못하는 사람들이 여성과 같은 특정 집단의 사람이라면 어떤 일이 벌어질까요? 이런 상황에 AI까지 합세하면, 상황은 훨씬 더 복잡해질 거예요.

의료 분야에서는 두 가지 방향으로 잘못된 길을 가게 될 수도 있어요.

의료 분야에서 엄격하게 지키는 절차는 치료에 변동이 생기는 걸 막아주는 역할을 하고 환자를 위한 최선의 결정을 내릴 수 있게 해줘요. 하지만 그런 절차가 틀린 거라면, 적어도 몇몇 사람에게는 틀린 거라면 어떻게 하죠? 성 차이를 연구한 사례는 셀 수도 없이 많지만, 그중에는 잘못 전달된 역사적인 자료를 기반으로 하고 있거나 편향된 임상의들이 문서로 남긴 자료를 근거로 진행한 연구들도 있어요. 예를 들어 생의학적으로 알려진 이유가 없는데, 충분히 막을 수 있는 혈전 때문에 사망할 가능성은 여성이 남성보다 50퍼센트 더 높다는 연구 결과들이 있어요. 같은 통증을 느낄 때 무릎 전치술을 받아야 한다는 조언을 들을 가능성은 여성이 남성보다 낮아요.

여성이 과민성대장증후군으로 고생하면 생활습관을 바꿔보라는 조언을 들을 가능성이 크지만, 남자들이 그러면 엑스레이를 찍어보라는 조언을 들을 가능성이 더 커요. 성 차이는 의료 분야 어디에나 있기 때문에 현재의 관행을 기반으로 맹목적으로 자동화한다면, 오랫동안 도전을 받지 않을 게 분명한 소프트웨어 뒤에 있는 이런 차이들은 결국 무기한 고착되고 말 거예요.

그런데 연구에 사용하거나 지침을 정하기 위해 활용하는 데이터가 애초에 어떻게 '잘못된' 것일 수가 있을까요? 임상 시험에서 남녀 차이가 나는 경우는, 세 가지 때문이라는 연구 결과가 있어요. 첫째, 과학은 기존 과학을 되풀이하기를 좋아한다는 거예요. 만약에 어떤 연구팀이 젊은 백인 남자 집단(최근까지의 거의 모든 실험이 그랬던 것처럼)에서 특별한 발견을 했다면, 예를 들어 새로 개발된 약의 효과를 확인하고 싶다면, 가능한 한 이전(기존

약) 실험에 참여했던 사람들을 대상으로 실험하고자 할 거예요. 둘째, 연구에 참여하는 게 아주 부담스러울 수 있다는 거예요. 연구에 참여하려면 실험실에 드나들면서 신약을 복용하고, 침윤성 검사 같은 걸 받아야 해요. 여성은 양육과 돌봄을 맡고 있는 경우가 많기 때문에 이런 연구에 참여하기가 쉽지 않다는 게 밝혀졌어요. 셋째, 여성은 한 달 동안 호르몬 변화가 심해서 실험에서 배제되는 경우가 많아요. 호르몬 변화가 약의 효과에 어떤 영향을 미치는지를 연구하기보다는 그저 여성을 배제해버리는 손쉬운 해법을 택하는 거죠.

그렇다면 희망은 있을까요? 당연히 있어요! 우리는 '정밀 의학'을 향해 나아가고 있어요. 그건 부분적으로는 전체 인구라는 생각에서 벗어난다는 뜻이에요. 다시 말해 각 개인의 독특한 기질과 행동, 유전적 요인과 성향을 기반으로 각자에게 맞는 해결법을 찾는다는 뜻이에요. 그러려면 데이터를 많이 수집해야 하고, 데이터를 통합하고 거의 실시간으로 분석할 수 있는 능력이 필요해요. 따라서 여성이나 소수 집단이라는 사실이 어느 시점에서는 차이를 만들지 않을 거예요. 왜냐하면 당신이 실험에 참여했다면, 그 실험은 오직 당신이나 당신 같은 사람들을 위한 것일 테니까요.

당신은 우리를 실제로 아프게 하는 건 질병 자체가 아니라고 말했는데, 그렇다면 AI는 우리를 아프게 하는 다른 요인들을 어떻게 관리할 수 있을까요?

건강 관리가 실제 건강에 미치는 영향은 10퍼센트가 되지 않아요. 당신이 건강한 것은 어쨌든 살 곳이 있고, 당신을 사랑하는 가족과 친구가 있고, 먹을 수 있는(그것도 건강하게 먹을 수 있는) 여유가 있기 때문이에요. 거기에 유전적 요인을 조금 첨가할 수 있겠죠. 당신이 아플지 건강할지는 그런 요인들이 결정하는데, 그것을 '건강의 사회적 결정 요인Social Determinants of Health'이라고 해요. 마이클 마멋Michael Marmot 경이 만든 유명한 용어이자 체계예요. 어떻게 보면 병원 기반의 전문적인 문제를 다루는 데 AI를 사용하는 것은, AI의 궁극적인 목적이 우리가 더 오래 행복하고 건강하게 살도록 돕는 것임을 떠올린다면 요점을 놓치고 있는 거예요. 문제는 이런 병원 기반의 전문적인 문제들은 구체적이고 데이터가 풍부한 경우가 많은데, 두 요건 모두 AI를 사용하는 데 도움이 된다는 거예요. 하지만 병원에 가서 중요한 치료를 받을 때면 너무 늦었을 수도 있어요.

얼마 전까지만 해도 건강의 사회적 결정 요인을 구성하는 데이터는 얻기 힘들었어요. 하지만 평범한 일상이 점점 더 많이 디지털화되면서 이런 데이터에 해답이 있을지도 모른다는 생각을 하게 됐죠. 예를 들어 집에서 얼마나 멀리까지 이동하는지를 보여주는 휴대전화 데이터는 정신건강에 문제가 있는 사람들을 식별할 수 있게 해주는 자료일 수도 있어요. 음식 재료 구매 목록은 지방과 탄수화물을 얼마나 많이 섭취하는지 알 수 있게 해주는데, 더욱 흥미로운 점은 식단의 변화를 통해 특정 신경질환의 초기 증상도 감지할 수 있다는 거예요. 그저 한 지역에서 다른 지역으로 통근한다는 사실을 이용해 앞으로 있을지도 모르는 건강 문제를 대부분 예측할 수도 있어요. 현재 대형 신생 기술 기업들은 이런 데이터를 보유하고 있어요. 그들은 새로운 디지털 뱅크이고, 아마존이고 구글이에요. 새로운 스마트워치이고 새로운 휴대전화죠. 아직까지 이 기업들은 자신들의 위치를 깨닫지 못하고 있지만, 이런 비의료 분야의 기업들이 미래에는 의료 분야를 담당하게 될 거예요.

그러니까 AI가 의료 분야에서 엄청난 일을 할 수 있는 건 맞아요. 하지만 현재 분명히 알아야 할 점은 AI가 모든 해답을 갖고 있지는 않다는 거예요. 신체는 저마다 다르고 증상이 같은 식으로 발현되지 않을 때가 많지만, 어떤 식으로 다르게 발현하는지, 왜 다르게 발현하는지를 밝히려면 아직 갈 길이 멀어요.

AI를 활용하는 제품을 사용할 때 유의해야 할 점에 대해 여성들에게 해주고 싶은 조언이 있나요?

예전에는 의료 제품을 개발하는 기간이 아주 길었어요(보통 15년 이상 걸렸죠). 여기서는 개발 기간이 20년 이상 걸리고 개발비가 10억 파운드(약 6조 700억 원)가 넘는 제품에 관해 말해볼게요. 그렇게 오랜 시간이 걸리는 이유는 단계적으로 임상 시험을 하고 엄격한 심의 절차를 통과해야 하기 때문이에요. AI 제품은 무엇을, 어떤 식으로 규제할 것인지에 대해서는 이제 막 조금씩 알아가기 시작했을 뿐이고, 충분히 짐작할 수 있듯이 끊임없이 변화하는 무언가를 규제하는 일은 쉽지 않아요. 이미 많은 제품이 건강을 위해서라고 주장하면서 사람들에게 판매되고 있지만 새로운 의료 기기에 대한 규제는 이제 막 따라잡기 시작했을 뿐이에요. 이렇게까지 극단적으로 표현해도 되는지는 모르겠지만, 이 상황은 사람들에게 약을 던져주고 '야생에서' 임상 시험을 하는 것과 비슷해요.

결과적으로 여성은 손에 들고 사용하거나 병원에서 쓰는 앱과 제품에 관해서 고민할 책임을 훨씬 무겁게 지게 됐어요. 여성을 대상으로 20년 동안이나 진행한 연구는 없기 때문에 여성들은 이런 제품을 개발할 때 어떤 데이터 세트를 사용했는지를 스스로 알아보고 관련 기관에 물어볼 필요가 있어요. 그리고 약을 복용한 뒤에 무언가 이상한 징후나 증상이 나타난다면 그런 기관에 알려주어야 해요. 서비스를 이용하는 여성 환자들의 상태를 점검하고 살펴볼 필요가 있어요. 여성이 처음부터 모든 과정에 적극적으로 참여해야 하고요. 흔히 남자가 출산을 했다면 지금쯤은 출산 과정이 위험하지도 않고, 진통도 없어졌을 거라고 하잖아요. 그런 말이 사실이든 아니든, 현재 펨테크femtech(여성을 위한 기술) 시장은 AI 기반의 수유기와 골반저 운동기부터 생리와 완경 증상 감지기에 이르기까지, 많은 제품을 폭발적으로 내놓고 있어요. 직접 건강 관련 문제를 경험하는 것이 AI 기반의 해결책을 찾을 수 있는 전제 조건은 아니지만, 확실히 트램펄린에서 직접 뛰어본 뒤에 조금 울어보는 경험은 골반저가 약해져 문제가 생겼음을 알아차리는 데 도움이 되는 방법이기는 해요.

지넷 윈터슨

JEANETTE WINTERSON

"미래가 소년들과
로봇에 관한 이야기만 있는 세상이 되는 건
원하지 않아요."

지넷 윈터슨은 문학과 비문학을 섭렵하는 작가이자 맨체스터대학교에서 글쓰기를 가르치는 교수다. 18개국에서 책을 출간한 지넷은 사랑, 욕망, 젠더, 신체, 전환, 과학 관련 분야의 글을 열정적으로 집필하고 있다. 정직하면서도 환상적인 요소를 가미한 문체는 독특하면서도 서정적이다. 『오렌지만이 과일은 아니다*Oranges Are Not the Only Fruit*』, 『파워북*The Power Book*』, 『체리와 섹스하기*Sexing the Cherry*』, 『프랭키스슈타인』 같은 소설을 썼다. 그녀는 비문학 작품뿐만 아니라 소설로도 여러 상을 받았다.

지넷과는 런던의 국립초상화미술관에서 처음 만나 함께 차를 마셨다. 나에게 지넷 윈터슨은 중등교육 자격시험(GCSE)에 지문으로 실린 빼어난 글의 필자이자 『오렌지만이 과일은 아니다』를 쓴 바로 그 작가였다. 마치 영화를 보면서 '저 스콘 내 거야'라고 주장하자마자 화면 밖으로 스콘이 튀어나온 것만 같았다. 이제 나는 우리가 굳건한 우정을 나누고 있으며, 옥상에 서서 여학생들에게 AI에 참여하라고 솔직하고도 긍정적으로 외치는 임무를 함께 수행하고 있음을 아주 자랑스럽게 말할 수 있다.

지넷, 당신의 책 『용기는 어디에서나 용기를 부른다*Courage Calls to Courage Everywhere*』에서 당신은 'AI가 여성에게 일어난 최악의 일인가?'라고 물었어요. 여성이 로봇과 대화하는 법을 배우지 못했을 때 일어날 수 있는 일 가운데, 당신이 가장 걱정하는 문제는 무엇인가요?

지난 100여 년 동안 서구에서는 여성의 앞을 부당하게 가로막았던 편견과 장벽이 사라지기 시작했지요. 우리는 모든 영역에서 여성들이 성공하고, 주변부에 머무는 게 아니라 사회의 일원이 되는 모습을 목격하고 있어요. 내가 걱정하는 건, 여성들이 로봇과 대화하는 법을 배우지 못한다면 원치 않아도 기술이 만들 미래에서 배제될 거라는 거예요. 공학이나 컴퓨터 과학을 전공하는 여성이 너무나도 적다는 사실은 여성들은 새로운 기술을 활용할 수 있는 플랫폼을 만들지도 못하고, 프로그램을 개발할 수도 없다는 뜻이에요. 우리가 기술 발달에 참여하지 못할 이유는 전혀 없어요. 우리 뇌가 그럴 수 있는 완벽한 능력을 갖추었다는 것을 우리도 알잖아요. 지금은 여성을 위해 '학문성 거식증'이라는 질병까지 만들어내는 나쁜 구시대가 아니에요. 여자가 정신적 자극을 너무 많이 받으면 거식증에 걸린다고 주장하다니! 우리는 여자도 수학을 할 수 있고, 코딩을 할 수 있다는 걸 알아요. 공학에도 능하다는 것도요. 게다가 수학을 아주 잘해야만 공학을 하는 것도 아니에요. 수학 성적에서 B를 받은 남자들은 공학을 하

는데도, 여자들은 성적이 더 나쁜 경우라면 몰라도 비슷한 성적일 때도 공학을 선택하지 않아요. 지금 여성이 기술 분야에서 일하기로 결심하거나 일하지 않는 이유에 관한 글들을 읽고 있는데, 기술 분야에서 일하는 여성이 전체 기술 인력의 20퍼센트밖에 안 되는 이유를 '그저 여자들이 그 일을 원하지 않기 때문'이라고 쓰는 남자들 때문에 짜증이 나요. '여자들은 그런 일을 하고 싶어 하지 않아'라고 말하는 사람들이 대는 이유는 보통 둘 중 하나예요. 남녀에게는 정말로 차이가 있다거나 여자들은 절대 그런 일을 하지 않을 거라는 거죠. 그런 주장을 하는 사람을 보면 미친 게 아닐까 싶어요. 우리는 과거에 남녀 간에 차이가 있다고 하면서 여성을 배제했던 일들이 여성의 능력 때문이 아니라 남자의 선입견 때문이었음을 이미 입증해 보였잖아요. 여성에게 책임을 돌리거나 비난하지 않기로 결정했다면(그러니까 '당신의 뇌 때문이야' '호르몬 때문이야' '아기 때문이야'라는 말을 하지 않기로 했다면), 그때는 질문해야겠죠. 코딩 교실이나 기술 스타트업 기업에서, 혹은 학교에서 여학생들은 이미 그 주제를 남학생들이 선점하고 있어서 자신은 끼어들 수 없다는 느낌을 받는 것인지, 교사들도 은연중에 남녀 역할이 따로 있다는 식으로 선입견을 확산하는 건 아닌지, 남자만이 들어갈 수 있는 경기장이 있다는 식으로 의식을 형성하는 건 아닌지, 그러니까 모든 수준에서 여학생이나 여성들을 AI 분야로 진출할 수 없게 밀어내는 문화가 여전히 존재하는 건 아닌지를 물어야 해요. 그렇기는 해도 아주 많은 여성이

학교에서, 직장에서, 이 문제를 해결하려고 정면으로 부딪치면서 노력하고 있어요. **코드 라이크 어 걸**Code Like A Girl 같은 사회적 기업이 좋은 예죠. 마이크로소프트나 아마존 같은 기업도 그런 문화를 만들려고 하고요. 늦지 않게 기술과 AI, 기계학습 분야에 여성들이 진출할 수 있도록 여학생들에게 영향을 줄 수 있는 여성이 충분히 많아졌으면 하는 게 내 바람이에요.

사실 여성들이 꼭 프로그래머가 된다거나 기계학습 개발을 해야 할 필요는 없죠. 윤리나 소통 분야에서도 수많은 직업이 존재해요. 그저 지금보다 기술에 조금 더 익숙해지는 게 중요합니다. 새로운 언어를 배운다고 생각하면 돼요. 게다가 코딩을 배우기로 했다고 해서 그걸 꼭 잘할 필요는 없어요. 코딩을 배우는 남자는 많지만, 그들이 모두 에이스는 아니에요. 그저 평균적으로 할 수 있을 뿐이죠. 우리는 배움으로써 더 나아질 수 있어요. 여학생들은 우리도 할 수 있다는 걸 스스로 다짐하고 명심해야 해요.

가장 최근에 발표한 『프랭키스슈타인』에서도 다룬 것처럼, 그런 걱정이 어느 정도는 기계를 포함하는 성sexuality과 사람에 관한 글을 쓰게 된 원동력으로 작용했을까요?

『프랭키스슈타인』은 내가 2000년에 쓴 『파워북』에 시작됐어요. 그 책에서 나는 웹상에서 가상 정체성을 갖는다는 것이 어떤

의미인지, 다중 자아는 정말로 어마어마한 자유를 갖게 되는지를 탐구했어요. 작가는 늘 수많은 자아를 지니고 있고, 머릿속에서 그 자아들이 이야기하는 것을 허락해주며, 그 목소리에 대한 대가로 사람들은 작가에게 돈을 지불해요. 정말 환상적인 일이에요! 그렇기 때문에 처음에는 가상 자아를 갖는 것이 사람들을 자유롭게 해줄 거라고 생각했어요. 정체성을 '나는 남자, 너는 여자'라고 구분 짓는 이분법적 사고에서 벗어나게 될 테니, 모든 사람이 상상력을 훨씬 더 많이 발휘하게 될 거라고 생각한 거죠. 사람은 나이가 들수록 자신을 점점 더 작은 공간에 가둬버려요. 나에게 웹은 뭐랄까, '우리가 있는 공간이 작을 필요는 없어'라고 말할 수 있는 멋진 방법이에요. 물론 그 공간은 상당히 불쾌한 만남이 이루어지기도 하는 공간으로 바뀌고 있어요. 우리가 온라인에 있는 사람이 누구인지를 항상 알고 있는 것도 아니고, 웹 스토킹이나 거짓 정체성으로 사이버 악몽을 만들어버리는 사람들도 있으니까요. 가상 정체성은 내가 상상했던 것과 달리 변화무쌍한 재미있는 상상 속의 자아가 아니었어요. 공격적이고 불쾌한 내용을 올려 다른 사람의 공격성을 유발하는 트롤링trolling이나 혐오 발언을 하고, 책임감 없이 무슨 일이든 할 수 있다고 생각하는 사람이 웹상에는 아주 많아요. 나는 이런 상황은 생각지도 못했어요!

『프랭키스슈타인』을 쓰는 동안 나는 출간 200주년을 맞은 메리 셸리의 『프랑켄슈타인*Frankenstein*』을 다시 읽으면서 우리 세대가 이 책을 제대로 읽어내는 첫 번째 세대일 수도 있겠다는 생각을 했어요. 그 책은 생물에서 유래하지 않은 생명체를 창조하는 행위의 위험과 유해함, 그리고 우리가 누릴 수 있는 영광을 알려주려고 미래로 보낸 병 속 메시지와 같아요. 『프랑켄슈타인』을 썼을 때 메리 셸리는 열여덟 살이었지만, 선견지명이 있었던 거죠. 셸리의 선견지명으로 그 이야기를 새롭게 작업해 현대로 가져와 오늘날에는 그 이야기가 어떻게 보이는지를 확인하고 싶었어요. 우리는 꿈꾸던 일을 성취할 때면 항상 하는 일을 하게 될까요? 그러니까 완벽하게 망쳐버리고 말까요?! 아니면 그것이야말로 모든 사람을 위한 정말로 새롭고도 민주적인 방법이라는 사실을 깨닫게 될까요? 어쩌면 정말 그렇게 될 수도 있어요!

기계와 함께한다고 생각할 때, 당신을 가장 신나게 하는 부분은 무엇인가요? 특히 여성을 이롭게 하는 부분은 무엇이라고 생각하나요?

구체적인 형체가 있는 지능도 형체가 없는 지능도 모두 흥미롭다고 생각해요. 구체적인 형체가 있는 지능이라면 로봇을 의미할 텐데, 로봇은 아주 재미있는 존재일 수 있겠죠. 곰인형과 사랑에 빠질 수 있다면, 로봇과도 그런 관계를 맺을 수 있어요. 이 세상 모든 아이들은 사람이 동물이나 사람이 아닌 생명체와 친구가 되는 만화를 보며 자랐기 때문에 그런 생각에 익숙해요. 그러니

까 나는 아무 문제가 없다고 생각해요. 함께 뛰어노는 작은 로봇을 갖게 되는 건 아이들에게 좋은 일이고, 이 세상은 더 살 만한 곳이 될 거예요. 로봇과 함께하는 일이 사람의 정신을 약화시킬 것이다? 나는 그렇게 생각하지 않아요. 오히려 그 반대일 거예요.

나는 본질적으로 낙관주의자고, AI는 여자들에게 정말로 이로운 새로운 가능성을 제시해줄 거라고 생각해요. 우리의 일을 훨씬 빠르게 끝내줄 수 있는 유형의 지능과 무형의 지능을 사용할 수 있다는 생각은, 우리가 기계를 사용할 때면 언제나 그랬던 것처럼 정말로 여자들에게 도움을 줄 수 있어요. 그런 지능들은 우리 일상의 짐을 덜어줄 거예요. 로봇이 양육이나 집안일을 거들어준다면 얼마나 좋겠어요. 우리는 계속해서 우리 삶을 더 어렵게 만드는 것들을 만들어내고 있는데, 왜 그러는 건지 이해가 안 돼요. 우리에게는 노동을 줄여주는 장치가 아주 많지만, 지금도 너무나도 많은 노동을 해야 하잖아요!

누구나 로봇과 자동화 기계가 직업 세계를 위협하고 있다는 이야기를 하죠. 하지만 19세기 공장법(작업장 개혁이 있던 수년의 기간)*까지 거슬러 올라가 장시간 노동 문화를 살펴보면, 당시의 장시간 노동이 1980년대에 일종의 마초적이고 신자유주의적인 문화로 되살아났다는 걸 알 수 있어요. 지금 같은 긱 경제gig

* 영국 의회에서 통과된 일련의 노동 법안. 노동 시간 규제가 이루어졌으며 1844년에는 여성에게까지 확대되었다.

economy* 시대에는 살아가는 데 충분한 돈을 벌려면 직업이 세 개는 있어야 해요. 우리가 일에 관해 제대로 생각할 수 있다면, 공장이나 사무실에서 낭비되는 시간이 많다는 사실을 인정할 거예요. 하루에 생산적으로 쓰는 시간이 얼마나 되는지 자기 자신에게 물어보세요. 그저 일하는 시간이 아니라 생산적으로 보내는 시간을 말이에요. 의사나 교사라면 하루가 아주 길 거예요. 하지만 의사와 교사 모두 로봇 도우미가 있다면 도움을 받을 수 있고, 일하는 시간을 줄일 수 있을 거예요. 물론 아주 늦게까지 남아서 일해야 할 때도 있어요. 마감을 해야 하기 때문일 수도 있고, 계절 때문일 수도 있겠죠. 여름에는 좀더 일하고 겨울에는 일찍 끝날 수도 있으니까요. 하지만 나는 그런 이야기를 하고 있는 게 아니에요. 내가 말하고 있는 건 로봇과 AI는 직업의 세계를 뒤집어엎을 변화를 불러올 텐데, 그 변화는 모든 사람에게 이득이 될 수도 있다는 거예요. 물론 그 수익을 공유해야 할 텐데, 나는 정말로 보편적 기본 소득의 가치를 굳게 믿고 있어요.

여성들이 특히 이득을 얻을 수 있어요. 여전히 자기 힘으로 집을 구입할 수 있는지, 가족을 꾸리고 직업을 얻을 수 있는지를 걱정하는 여성들이 있지요. 하지만 그런 걱정은 낡은 생각일 뿐이에요. 우리가 직장에서 열 시간을 보내고 집에서 여덟 시간을 보내지 않는다고 자책할 필요는 없어요. 우리는 아이에게 사랑과 시간과

* 필요에 따라 사람을 구해 임시로 계약을 맺고 일을 맡기는 형태의 경제 방식.

공간과 상상력을 줄 수 있어야 해요. 인간관계도 마찬가지고요. 사랑은 정원 가꾸기라고 생각해요. 매일 조금씩 보살펴주어야 해요. 어쩌다가 가끔씩 폭식하듯 정원을 가꿀 수 없고, 사랑을 줄 수 없어요. '이번 주말에는 널 사랑해줄 수 있지만, 오랫동안 너를 못 볼 거야'라고 말할 수는 없는 거예요. 아이를 양육할 때도, 사람들과 관계를 맺을 때도, 그런 식으로는 좋은 결과를 얻을 수 없어요.

우리 모두 일은 적게 해도 급여는 적게 받지 않을 수 있다는 주장은 터무니없는 말도, 비현실적인 말도 아니에요. 로봇공학이 그런 일을 가능하게 해줄 거예요. 노동을 줄여도 그럭저럭 생계를 유지하며 살아갈 수 있다는 것은 마법 같은 생각이 아니에요. 개발하고 있는 기술을 모두가 사용할 수 있다면, 우리는 좀더 공평하고 공정한 세상에 아주 근접하게 될 거예요. 내가 싫어하는 건 AI를 이용한 실험이 끔찍하게 잘못됐을 때 사람이 아니라 AI를 비난하는 거예요. AI의 초깃값은 디스토피아가 아니에요. 당연히 찬란할 수 있어요.

소설을 읽고 쓰는 일을 사랑하는 사람이 AI 혁명에 참여하면, 혁명에 어떤 도움을 줄 수 있을까요?

나는 여성들이 AI를 잘 알았으면 해요. AI를 모르면 적극적으로 참여하는 선수가 될 수 없고, 그저 일어나는 상황을 맞아야

해요. 독서는 사실에 관한 지식을 계속 얻을 수 있는 좋은 방법이에요. 하지만 독서는 더 중요한 역할을 해요. 우리는 상상력을 발휘하면서도 비판적으로 생각할 수 있도록 마음을 계발해야 해요. 그러니까 진짜 책을 읽어야 하는 거예요. 소설, 비소설, 시집 등을 읽어서 마음을 계발하고, 언어 사용 능력을 갈고닦아야 해요.

그래야 스토리텔링에 관심 있는 여성이 이야기를 활용해 다른 여성들에게 AI를 더 잘 알릴 방법을 생각할 수 있을 테니까요. 아주 단순한 생각이지만, 세상은 늘 더 나은 이야기를 요구하잖아요. 지난 100년 동안 우리는 여성들이 점점 더 많은 글을 쓰는 걸 보았고, 지금은 더 많지는 않아도 남자들만큼은 써내는 시대가 되었어요. 여자들 앞을 가로막고 있던 장벽은 모두 인위적인 것이었어요. 우리는 다른 목소리와 관심사로 이야기를 쓰기 시작했어요. 그러니 다른 결과와 효과가 나타날 거예요. 우리는 남자와 로봇에 관한 이야기만 존재하는 미래를 원치 않아요.

게다가 '기계가 음악 사업을 잠식할 거다'라거나 '기계가 문학 작품을 쓸 수 있을 거야'라는 주장에는 광기가 서려 있는 거 같아요. 이 세상에 사람이 존재하는 한, 우리는 다른 사람의 이야기를 들어야 해요. 경고하고, 축하하고, 영감을 주고, 마음의 변화를 담은 이야기들을요. 미래를 포용하려면 사람들이 변화해야 한다는 것이 정말 중요해요. 아인슈타인은 "문제를 만들어낸 것과 동일한 생각으로는 우리의 문제를 풀 수 없다"라고 했어요. 마음이 바뀌는 순간 문제는 해결을 향한 길로 나가게 되는 거예요.

해나 프라이

HANNAH FRY

"기계가 사람을 이해하는 방법을 아는 것은 서로를 존중하는 파트너십을 맺는 데 꼭 필요한 아주 중요한 단계예요."

해나 프라이는 유니버시티칼리지 런던의 도시수학과 부교수다. 쇼핑과 교통은 물론이고 도시에서 벌어지는 범죄와 폭동, 테러리즘에 관한 것까지, 다양한 사회 문제를 고민하고 해답을 찾는 연구를 하고 있다. BBC 텔레비전 다큐멘터리 프로그램 기획에 참여하고 있으며, BBC 라디오4 프로그램에 출연하면서 멋진 팟캐스트도 제작하고 있다. 프로그램 목록은 참고 자료에 실었다. 인기 있는 테드 강연 '사랑의 수학The Mathematics of Love'을 포함해 해나의 유튜브 동영상은 수백만 조회 수를 기록했다. 많은 책을 출간한 저자인 해나의 최신작 『안녕, 인간: 부와 권력을 지배하는 인공지능의 보이지 않는 공포가 온다』는 베일리 기퍼드 비문학 도서상과 왕립학회 도서상 최종 후보에 올랐다.

사랑을 찾을 확률은 얼마나 될까? 언제 정착해야 할까? 어떻게 해야 이혼하지 않을 수 있을까? 첫 번째 책 『사랑의 수학』에서 해나는 이런 질문들을 했다. 재미뿐 아니라 책에서 다룬 주제에 공감을 불러일으키는 해나의 능력 덕분에 이 책을 읽으면서 나는 수학과 사랑에 빠지고 말았다. 멀리서 책을 읽고 감탄한 뒤에 나는 해나의 친구가 되었고, 학계 남성들에게 도전하는 해나를 무조건 응원하게 되었다.

해나, 당신은 AI가 주도하는 의사결정 과정에 관해 많이 썼잖아요. 그 때문에 우리 삶이 위험해질 수도 있음을 깨달은 순간이 있다면 말해주세요.

AI의 의사결정 과정이 반드시 부정적일 이유는 없어요. 나는 AI 기술이 현재 십 대에 접어들었다고 생각하는 걸 좋아해요. 십 대라는 표현에는 AI와 수집한 데이터의 양, 데이터들 속에서 패턴을 찾아내는 우리의 능력이 쑥쑥 자란다는 의미가 들어 있어요. 이 기술이 어디까지 성장할지를 모르기 때문에 매끄럽게 이어지지 않은 단계를 통과하고 이 새로운 기술을 가장 잘 구현할 방법을 찾는 데는 조금 시간이 걸릴 거예요. 물론 AI가 우리가 억제해야만 하는 괴물이 되면 어두운 미래가 올 수도 있지만, 그런 미래를 피할 수 없는 건 아니에요!

2008년에 우리 휴대전화에 위성항법 장치(GPS)가 장착되는 것을 보고 AI의 의사결정 과정이 갖는 잠재력을 처음으로 깨달았어요. 그전까지만 해도 우리가 쓰는 위성항법 장치는 인공위성이 우리가 있는 위치를 알려주기만 하는, 차량용 내비게이션 같은 한 방향 통신을 사용하는 장비들뿐이었어요. 하지만 기술이 우리의 휴대전화 안으로 들어오면서 양방향 통신이 가능해졌죠. 그 무렵에 참석했던 한 세미나에서 누군가가 정보 시스템이 우리에게 모든 사람이 어디에 있는지를 알려주는 단계에 도달하면 중앙 시스템이 교통량이 가장 적은 도로로 사람들을 분산시켜

줄 테니까, 교통 체증은 더는 없을 거라고 했던 걸 기억해요. 휴대전화 안에 위성항법 장치가 들어간 지는 얼마 되지 않았지만 이미 우리는 웨이즈Waze 같은 앱으로 정확히 그런 일을 하고 있잖아요. 하지만 도로에 차가 너무 많아서 우리는 교통량을 줄일 수는 없어요! 바로 그게 내가 정말로 깨달은 사실이에요. 이 세상에는 숫자 중심으로 움직이는 디지털 쌍둥이, 디지털 거울상이 있다는 것 말이에요.

최신작 『안녕, 인간』에서 당신은 '오만하고 독재적인 알고리즘이 과거의 산물이 되는' 미래를 그렸잖아요. 그런 추론이 사실임을 확인하려면 우리가 어떤 일을 해야 할까요?

사람들이 알고리즘을 사용하는 게 어렵다고 생각하는 이유는 대부분 알고리즘이 얼마나 많은 불확실성을 안고 있는지를 파악할 수 없기 때문이에요. 우리는 결과가 확실한 세상에서 살아왔으니까요. 바닥에 컵을 떨어뜨리면 깨지는 게 당연해요. 문에 손가락이 끼면 아픈 게 당연하고요. 그에 반해 AI로서는 피할 수 없는 문제가 있는데, AI는 결코 완벽해질 수 없다는 거예요. 어떤 경우 고작 60퍼센트의 정확도만을 보일 때도 있어요. 심지어 90퍼센트의 정확도를 보일 때에도 절대로 결정적인 결과란 존재하지 않아요. AI가 우리에게 종양이 있다고 말한다고 해서 정말

로 종양이 있을 확률이 100퍼센트인 건 아니에요. 우리는 아직 그런 경지에 도달하지 못했어요. 그보다는 AI가 우리에게 종양이 있다고 말하면, 그럴 가능성도 있다는 경고로 받아들이는 게 맞겠죠. 따라서 그 불확실성을 완벽하게 이해하고 받아들인 뒤에 그 불확실성이 어디에 존재하는지를 찾아보는 것이 우리가 새로운 시대를 헤쳐나가는 데 필요한 능력이에요. 우리는 엄청난 주장들을 검토해볼 수 있어요. 예를 들어 보죠. 어떤 사람에게 특히 스트레스를 유발하는 단어들이 무엇인지 알아내기 위해 그 사람이 하는 말이나 표정에서 발산되는 파형을 분석하는 소프트웨어가 판매된다는 소리를 들었어요. 그런 소프트웨어를 이용하면 정치인들이 제시하는 논지나 정책에서 약한 부분을 콕 짚어낼 수 있다는 거예요. 결정론이 지배하는 세상에서 살고 있다면, 그런 소프트웨어를 아주 놀라운 발명이라고 생각할 수도 있겠죠. 하지만 그런 소프트웨어가 작동하는 세상이 불확정성이 지배하는 세상임을 완벽하게 이해하고 있다면 이렇게 묻게 될 거예요. 하지만 그걸 '얼마나' 잘 해낼 수 있을까? 그런 소프트웨어는 언제 작동하고, 언제 작동하지 않는 거지? 얼마나 자주 작동할까? 작동하지 않으면 무슨 일이 생기는 거지? 음, 이런 질문이야말로 독재적인 알고리즘에 대항할 수 있는 최고의 도구랍니다.

이런 질문들은 미국 상점 타깃Target이 가족과 함께 쇼핑 중인 십 대 소녀의 임신 사실을 그 아버지가 알기 전에 알아낼 수 있음을 '입증'했다는 사례에도 적용할 수 있을 거예요.

타깃은 신용 카드와 이메일 주소, 이름 등 고객 식별 카드에 담긴 정보와 쇼핑 목록을 분석해서 고객의 구매 성향을 파악해요. 이렇게 분석한 데이터는 예전에 아기용품 무료 받기 서비스에 등록한 여성들의 데이터와 일치하는 사람을 찾는 데 쓰여요. 타깃은 그런 식으로 그 십 대 소녀에게 산모용품과 아기 옷, 아기 침대 같은 용품을 구입할 수 있는 쿠폰을 보냈는데, 그 소녀는 정말 임신하고 있었던 거예요. 그러니까 타깃이 아버지도 모르는 딸의 임신 사실을 '알게' 된 거죠. 이 이야기에 들어 있는 건 인과관계예요. 하지만 사람들은 현재를 살고, 오직 지나가야만 과거를 이해하게 돼요. 이 이야기에서 우리가 반드시 해야 하는 질문은 이런 것들이에요. '타깃이 산모일 거라 추정해 유아용품 쿠폰을 보낸 사람들 중에서 임신을 하지 않은 사람은 몇 명이나 될까? 임신했지만 쿠폰을 받지 못한 사람은 몇 명일까? 이 알고리즘은 얼마나 자주 올바른 판단을 내리고, 얼마나 자주 그릇된 판단을 내릴까? 알고리즘의 판단이 틀렸을 때, 어떤 일이 일어났을까?' 이런 질문을 정치나 법정, 주택 거래, 복지정책을 결정할 때처럼 좀더 심각한 분야로 확장할 수 있고, 모든 것은 불확실성으로 둘러싸여 있음을 제대로 이해하고 있다면, 그때부터는 알고리즘이 불러오는 문제를 조금 더 명확하게 해결할 수 있을 거예요.

『안녕, 인간』을 집필하려고 자료를 조사할 때 당신은 당신이 '가짜 약 판매원'이라고 부른 존재와 인터뷰를 하면서 '매직 테스트'를 개발했어요. 매직 테스트에 관해 소개해주고, 독자들이 활용할 수 있는 방법을 알려주세요.

먼저 사실관계를 바로잡자면, 매직 테스트는 내가 개발한 게 아니에요. AI 개발 프로젝트에 연구 자금을 대려고 한 사람이 '우리는 AI를 이용해 암을 치료할 수 있습니다'라거나 '우리는 AI로 기후 변화를 해결할 수 있습니다'라고 주장하는 제안서를 엄청나게 많이 받고 나서 만들었다고 들었어요.

우리에게는 근사한 알고리즘이 아주 많지만, 지금은 사람들이 그 알고리즘으로 할 수 있다고 주장하는 일이 정말로 가능한지를 점검할 시스템 없이 AI를 활용해야 하는 상황이에요. 결과적으로 우리는 거짓 주장을 하고서도 결코 책임을 지지 않으며 자신들의 주장이 옳다는 증거를 통계적으로 제시할 필요가 없는 사람들에게 문을 열어주었다고 생각해요. 하지만 이 모든 상황의 핵심 문제는 AI가 정말로 블랙박스 같은 존재라는 사실일 거예요. 무언가를 작업해서 데이터를 준비해두면 AI가 마법을 부려 결론을 내려주는 거예요. 그런데 AI가 마법을 부리는 중간 과정은 가려져 있어서 대부분의 사람들이 이해하기 힘들어요. 그래서 우리는 AI가 거의 모든 일을 할 수 있다고 상상하게 되는 거죠.

자, 매직 테스트로 돌아가볼까요? AI가 온갖 것을 할 수 있다고 주장하는 사람들이 보내오는 예산 신청서를 검토했던 이 남자에게는 원칙이 있었어요. 신청 서류에서 기계학습이니, 신경망이니, 인공지능이니 하는 기술 용어를 모두 뺀 뒤에 그 자리를 마법이라는 단어로 채웠을 때도 문법적으로 말이 된다면 그 지원서는 탈락시킨다는 거예요. 당신도 그 규칙을 쓸 수 있어요. 기술 용어를 몇 개 빼고 그 자리에 '마법'이라는 단어를 넣어보세요. 그래도 문장이 성립하면 그 주장은 수상하다고 생각해야 해요.

로봇과는 어떻게 대화하나요?

우리 집에는 알렉사와 에코Echo가 있어요. 어쩌다 생겼어요. 하나는 부엌에 있고, 하나는 거실에 있는데, 침실에는 절대로 들이지 않아요. 나는 기술을 사용하는 것도, 로봇과 대화하는 것도 무서워하거나 피하지는 않지만, 기계의 힘을 제한하고는 있어요. 내 브라우저는 덕덕고DuckDuckGo예요. 개인정보 보호를 중요시하고, 이용자에게 맞춘 검색 결과만 제공하는, 필터 버블이 없는 검색 엔진이죠. 광고 제거 앱도 사용하고요. 나는 이메일 주소가 아주 많은데, 정말로 일에 집중해야 할 때를 대비해 이용 시간을 제한하는 여러 앱을 컴퓨터에 깔아두었어요. 셀프컨트롤Self Control 같은 앱은 인터넷을 닫아버려요. 시간을 맞춰놓으면 컴퓨터를 껐다가 켜도 SNS에 접속할 수 없어요. 검은색 화면이 나와서 글은 쓸 수 있지만 그 밖에 다른 어떤 컴퓨터 프로그램에도 접근할 수 없게 하는 슬로 스테이트Slow State도 이용해요. 휴대전화 화면은 흑백으로 전환해두는데, 이런 조치는 집중력에 큰 차이를 만들어요. 내 의지가 얼마나 약한지, 내가 하루 종일 얼마나 놀고 싶어 하는지를 잘 알기 때문에 기계들의 힘을 제한해두는 거예요.

나는 그 질문을 바꾸고 싶어요. 로봇과 대화하는 방법은 각자 다르니까요. 하지만 기계가 우리와 대화를 더 잘하게 할 수 있는 기술이 무엇인지, 우리가 생물종 집단으로서 로봇과 어떻게 대화할지에 대해 논의할 수 있는 부분이 분명히 있어요. 현재 AI 분야에서는 우리가 기계에게 말을 하고 작업을 수행하라고 명령할 때, 실수로 잘못된 지시를 내리는 일이 없도록 광범위한 연구가 진행되고 있어요. 좋은 예가 AI에게 약간의 결함이 있는 가상 비행기를 착륙시키라는 과제를 주는 거예요. 훈련을 받는 동안 이 AI는 비행기를 부드럽고 안전하게 착륙시키는 것보다 고의로 땅에 부딪쳐서 아주 높은 힘이 기록될 때 게임의 메모리를 압도해 0점 만점을 달성할 수 있음을 알게 됐어요. 그래서 계속해서 비행기를 땅에 추락시켜 탑승자 전원을 죽이고 비행기를 파괴해버렸어요! AI와 로봇에게 무언가 해줬으면 하는 일을 시킬 때면 그저 어떤 일을 해달라고 '말하는' 것만으로는 부족해요. AI와 로봇은 우리와 같은 시각으로 세상을 바라보지 않아요. 맥락이나 뉘앙스를 파악하지 못해요. 서로를 존중하는 협력 관계를 맺으려면 기계가 사람을 이해하는 방식을 아는 게 정말 중요해요.

마사 레인 폭스

MARTHA LANE FOX

"사람들은 자신이 스마트폰에 부여한 권한을 너무나도 과소평가하고 있어요."

마사 레인 폭스는 독자적인 싱크탱크 기관이자 자선단체인 닷에브리원의 창립자이자 중역이다. 닷에브리원은 좀 더 공정한 미래를 책임질 기술을 옹호하고 AI가 사람에게 더 나은 서비스를 제공할 수 있는 방법을 찾는 중이다. 마사는 공공서비스 부문의 디지털 프로젝트에 참여했고, 채널4의 이사진이었으며, 지금은 트위터, 돈마웨어하우스, 샤넬의 이사진이다.

마사가 일군 수많은 특별한 벤처 사업 가운데 가장 유명한 것은 라스트미닛닷컴이라고 생각한다. 기술 교육을 받던 나는 역사학자가 10억 개의 휴가를 책임지는 웹사이트를 활용해 길을 안내하는 모습을 본 순간 용기를 얻었다. 역사학자가 할 수 있다면, 미술을 전공한 나도 웹을 활용할 수 있다는 믿음을 갖게 해주었으니까 말이다.

마사는 기술 분야에 종사하는 나와 같은 세대의 여성들을 위한 플레이북을 집필했다. 본인은 모르지만 그녀는 나에게 어마어마한 영향을 미쳤다. 분홍색으로 부분 염색을 하고 어떠한 상황에서도 핵심을 짚어내는 맹렬한 능력을 지닌 마사 덕분에 나는 오래전부터 '마사라면 어떻게 했을까?'라는 질문을 함으로써 나에게 필요한 조언을 스스로 할 수 있었다. 마사는 영국의 기술

기업가 정신을 대표하는 인물이지만, 거기에서 그치지 않았다. 다른 기업가들을 돕는 내부 지원자로서 여성 지도자들을 응원하며, 다른 사람들이 잊어버린 곳에 빛을 비추어주는 사람이다.

마사, 라스트미닛닷컴을 준비할 때, 당신은 로봇과 대화하는 방법을 배우고자 했던 사람들의 첫 번째 물결에 속해 있었어요. 어떤 방법으로 기계가 당신을 위해 일할 수 있게 한 거죠?

22년 전, 그러니까 지금과는 디지털 세계가 완전히 달랐던 때였죠. 인터넷이 어디에나 존재했고, 인터넷은 유해하기 때문에 우리 의지에 따르게 해야 한다고 생각했어요. 너무나도 놀라운 그 신세계에서 우리는 전자상거래 구축의 선봉장 역할을 하고 있었어요. 그저 사람들에게 웹사이트에 신용카드 정보를 입력해도 된다는 걸 설득하는 것도 정말로 큰 도전이었죠. 나는 과학기술자도 아니었고, 프로그래머도 아니었어요. 그건 라스트미닛닷컴이라는 사이트가 제대로 돌아가려면 내가 기술에 관해 많은 걸 배워야 한다는 뜻이었어요. 그러려면 우리가 해내고 싶은 일이 무엇인지를 분명하게 알고 있어야 했는데, 그건 우리가 기본적으로 웹사이트를 이용하는 사람들처럼 생각해야 한다는 뜻이었어요. 실제로 우리는 우리 사이트가 어떤 식으로 작동해야 하

는지를 사용자의 입장에서 끊임없이 살펴봤어요. 우리는 계속 물었죠. 이게 우리 고객을 위해 하고자 하는 일이 맞는가? 그건 정말 느린 과정이었어요.

그때는 사람들이 자신과 기계가 맺을 관계를 너무나도 걱정했어요. 그걸 염두에 두고 사이트를 개발해야 했죠. 지금과 달리 그때는 기술을 구사할 수 있는 언어가 없었어요. 우리 팀은 한 사람 한 사람이 모든 일을 해내야 하는 작은 집단이었는데, 그래서 좋은 점도 있었어요. 어차피 물어봐도 도와줄 사람이 없으니까 혼자 생각해보고 처리하면 됐다는 거예요. 내 친구들이 이 사이트를 이용해서 휴가 예약을 잡을까? 이런 질문을 스스로 해보는 거죠. 우리는 계속 웹사이트에 머물면서 우리 같은 사람이 이용할 만한 사이트로 만들기 위해서 계속 시도하고 실험했어요. 가끔은 그림을 그리기도 했고, 가끔은 참고하려고 다른 웹사이트를 보기도 했죠. 그때 참고하기 가장 좋은 사이트는 아마존이었어요. 나는 사이트를 만드는 사람이랑 함께 앉아서 사이트를 구성할 페이지들을 한 장 한 장씩 html로 바꾸었어요. 정말 초보적인 일을 한 거예요! 지금 웹사이트를 만드는 사람이 그때의 우리를 본다면, 자기 눈을 믿을 수 없을 거예요!

기술과 우리의 관계에서 가장 크게 변한 건 뭐라고 생각해요?

아이폰이 발명된 건 2007년이었죠. 그전까지는 스마트폰이 없었어요. 우리는 모두 블랙베리만 열심히 사용했을 뿐이에요. 그전까지는 세 단계에 걸쳐서 했던 일을 이제 한 단계만 해도 되는 장비를 사람들이 손에 넣었어요. 그 순간 모든 게 완전히 바뀌어버렸어요. 나에게는 모든 것의 가능성이 근본적으로 바뀌었다는 뜻이었어요. 지금은 누구나 자연스럽게 스마트폰을 사용하고 있기 때문에 스마트폰이 미치는 영향을 너무나도 쉽게 과소평가해요. 서비스는 훨씬 좋아졌고, 주요 산업은 모두 온라인 플랫폼을 갖게 됐어요. 지금은 당연한 일이 그때는 상상도 할 수 없던 일이었죠.

스마트폰이 제공하는 기술로 힘을 얻게 된 사람들이 그 힘을 안전하게 사용하도록 해주고 싶은 조언이 있을까요?

사람들은 자신이 스마트폰에 부여한 권한을 너무나도 과소평가하는 것 같아요. 하지만 나는 정말로 스마트폰의 힘을 강하게 느껴요. 그래서 침실에는 절대로 스마트폰을 들이지 않아요. 어떤 알람도 켜두지 않아요. 이메일도 꺼놔요. 누구나 그렇게 설정할 수 있어요. 전 세계 거의 모든 사회망 서비스가 그렇듯이,

휴대전화가 없으면 사회생활을 하기 힘들지만, 그렇다고는 해도 여전히 통제할 수 있는 부분이 있어요. 스마트폰 화면을 어둡게 해놓고, 모든 알람을 끄고, 개인정보 보호와 데이터를 아주 높은 수준으로 보호하게 설정해야 해요. 손에서 휴대전화를 놓고, 휴대전화를 들여다보고 싶지 않은 곳으로는 들고 가지 마세요!

고전학을 공부하셨잖아요. 한 가지 진로만 택해야 한다면, 당신과 같은 진로를 따르라고 조언하실 건가요, 아니면 코딩을 배우라고 권하실 건가요?

복잡한 기분을 느끼게 하는 질문이네요. 코딩을 배우는 것이 기술에 대해 더 많은 호기심을 갖게 되고 두려움을 줄이는 길이라면 배우라고 권하고 싶어요. 누구나 코딩을 배워야 한다고 생각하느냐고요? 그건 아니에요. 분명히 코딩을 할 수 있는 사람들이 필요해요. 하지만 이제 사람보다 기계가 코딩을 훨씬 잘하는 세상으로 바뀌고 있어요. 삶의 기술을 찾고 있다면, 코딩을 배우는 건 현명한 선택이에요. 그 분야에 흥미가 있거나 기술을 갖고 있다면 결코 직업 세계에서도 밀려나지 않을 테니, 가능한 한 많은 사람이 코딩을 배우면 좋겠어요. 그렇지만 그게 전부는 아니에요. 그런 기술이 없다고 해도 기술을 두려워할 필요가 없어요. 이건 호기심의 문제예요. 질문을 하면 돼요. 게다가 이 분야에는

다양한 학문을 공부한 사람들이 필요해요. 역사를, 철학을, 인류학을 아는 사람들이 있어야 해요. 디지털 세계는 선택 사항이 아니에요. 이제는 모든 곳에 존재하는 기본 배경이 되었으니까, 반드시 호기심을 가져야 해요.

좀더 깊이 기술을 이해하고 싶다면 몰두하고 익혀야 해요! 기술을 다시 배우는 건 절대로 나쁜 생각이 아니에요. 약간의 흥미라도 있다면 배우는 거예요. 어떤 분야에 종사하건, 그러니까 가령 간호사가 된다고 해도, 건강과 관련이 있는 최신 디지털 기술을 배우면 언제나 도움이 될 거예요. 기술을 배우는 것만이 기술에 참여할 수 있는 유일한 방법은 아니에요. 이건 기술 자체가 아니라, 애매모호함을 제거하고 빠르게 흘러가는 생각과 변화를 처리하는 일에 관한 문제예요. 지적 호기심과 활기찬 마음에 관한 문제예요. 기술에 정말로 깊이 뛰어들 수도 있을 테고요. 나는 전문가가 된 사람들에게 경의를 표해요. 정말로 멋진 일이니까요! 그와 동시에 트위터 같은 기업 이사회에서 일해본 경험 덕분에 나는 우리에게 필요한 사람들은 기술 혁신이 언제나 변화의 순간을 창조한다는 것을 이해하고 그 기술과 변화에 겁을 먹지 않는 사람이라는 걸 알아요. 우리에게는 그저 10년이 아니라 100년을 내다볼 수 있는 사람이 필요해요.

정해진 규범을 세우고 싶지는 않아요. 회복력이 있는 사회를 만들려면 이 모든 것이 함께 어우러져야 하니까요. 나에게 그건 읽기와 학습으로 뇌를 계속 자극하는 도전이에요. 아주 뛰어난 프로그래머나 영리한 수학자라고 해도 인문학을 어느 정도 이해하고 있는 것이 중요하다는 사실을 깨달아야 해요. 역사를 공부하는 유능한 학생이라면, 정말 환상적이겠죠. 하지만 앞으로 10년 동안 벌어질 일을 제대로 알고 싶다면 이 세상에는 과학을 기반으로 하는 영역이 있으며, 기술을 다루는 능력이 중요하다는 사실을 인식해야 해요. 학문을 서로 분리된 채로 놓아두는 것이 아니라 한데 뭉치려고 노력해야 해요.

텔레비전 황금시간대에 1분 광고를 할 시간이 주어진다면, 어떤 말을 해주고 싶으세요?

하고 싶은 말은 딱 하나예요. 자신에게는 힘이 없다고 생각하지만, 누구나 많은 힘을 가지고 있다고 말해주고 싶어요. 자신이 하고 있는 모든 일을 생각해보고, 자신이 가진 모든 자원과 기술을 우리 시대의 문제를 해결하는 데 쓸 수 있도록 그 일들을 효과적으로 배치할 수 있는지를 고민해봐야 해요. 당신은 앞으로 10년 동안 변화를 만들어낼 일을 하고 있나요? 모든 사람을 대표하고 포용할 수 있는 사람이 되기 위해 AI라는 방에 들어와 있는 다양한 사람과 함께 일하고 있나요? 다음 10년 동안 우리에게 닥칠 변화 중 하나는 기후라고 생각해요. 기후 변화 문제를 풀 수 있도록 AI를 발전시켜야 한다고 주장하는 건 그 때문이에요.

더 읽을 만한 책을 추천해주세요. 소설과 비소설 모두요.

나는 소설을 미친 듯이 읽어요. 앨리 스미스를 정말 좋아하는데, 특히 4부작 『봄*Spring*』, 『여름*Summer*』, 『가을*Autumm*』, 『겨울*Winter*』을 좋아해요. 『둘이 되는 법*How to Be Both*』은 내가 정말 좋아하는 소설들 가운데 한 편으로 꼽을 수 있고요. 위대한 러시아 고전문학은 손에서 놓을 수가 없을 거예요. 톨스토이의 『전쟁과 평화』는 몇 번이고 읽게 돼요. 모든 인간상을 그리고 있는 소설이니까요.

잔드라 바흐터

SANDRA WACHTER

"규제가 갖는 힘은 일부에 불과해요.
가장 막강한 힘을 가진 건 고객이죠."

잔드라 바흐터는 옥스퍼드대학교 부교수이자 수석 연구원이다. 기술 관련 법과 AI의 윤리적 함의, 빅데이터, 로봇공학을 교차 연구하는 몇 안 되는 학자로, 기술을 만드는 사람들과 기술 관련 법의 토대를 만드는 법조인 및 정책 입안자들을 연결하는, 학계에서는 보기 드문 역할을 하고 있다.

내가 처음으로 편견과 AI가 여성에게 영향을 미치는 범위를 깨달았을 때, 코그니션엑스는 'AI 분야에 여성이 있어야 하는 이유는 무엇인가?'라는 주제로 행사를 열었다. 그런데 그때는 인터넷을 아무리 뒤져도 그 주제를 가지고 함께 이야기할 여성들을 영국에서는 찾기 힘들었다. 그러다가 잔드라를 만났다. 어느 눈부신 여름날 오후에 나는 옥스퍼드대학교로 찾아갔다. 잔드라는 관대하게도 내가 잘못 생각하고 있던 개념들을 바로잡아 주었고, 내가 올바른 길로 돌아갈 수 있도록 가야 할 방향을 알려주었다. 잔드라는 난해해 보이는 규제와 규칙들이 사실은 우리가 생각하는 것보다 훨씬 간단하며, 그런 규제와 규칙을 알고 있어야만 우리가 누려야 할 가장 중요한 권리들에 다가갈 문을 열 수 있음을 탁월한 방법으로 설명해주었다.

잔드라, 현행 GDPR(개인정보 보호 규정) 가운데 독자들이 알아두면 힘이 될 규제 내용으로는 무엇이 있을까요?

새롭게 제정된 개인정보 보호법의 토대는 사람들이 자신의 어떤 데이터가 수집되고 있으며, 그 데이터가 어떻게 사용되는지를 알 수 있게 한다는 거예요. 아주 투명한 도구가 되게 하는 거죠. 페이스북이나 구글, 아마존과 상호작용하면 데이터 흔적을 남긴다는 사실을 모를 수도 있어요. 우리가 남긴 그런 데이터는 수집되고 평가되고, 어딘가에 저장돼요. 이제는 GDPR 덕분에 기업은 그 데이터를 가지고 무슨 일을 하고 있고, 어떤 목적으로 이용하고 있으며, 누구와 그 데이터를 공유했는지를 밝혀야 하기 때문에 우리는 개인정보가 어떻게 쓰이는지 알 수 있어요. 기업은 데이터를 사용하려면 사용자의 허락을 받거나, 적어도 데이터를 수집했다는 사실을 알려야 해요. 그것이 GDPR이 모든 유럽인에게 해줄 수 있는 매우 중요한 일들 가운데 하나예요. 그건 내가 구글이나 페이스북에 가서 내 데이터 복사본을 즉시 달라고 요청할 수 있다는 뜻이에요. 데이터에 접근할 수 있는 권리는 나의 어떤 데이터가 수집되는지를 전체적으로 볼 수 있게 해주며, 다른 GDPR 조항들은 그 데이터를 수정하거나 삭제할 수 있는 권한을 주죠.

정말 큰 발전이지만, 그런 규제에는 한계도 있겠죠?

맞아요. 기업은 사람들의 데이터를 수집하고 평가하느라 많은 시간과 자원을 투자했기 때문에 그 데이터들이 자신들의 자산이라고 생각해요. 그래서 데이터에 접근할 수 있는 개인의 권리와 정보 보호보다는 사업을 보호할 권리를 더 중요하게 여길 때가 많죠.

규제의 이런 허점을 극복하려면 어떻게 대비해야 할까요?

규제는 완벽한 해법이 아니에요. 언제나 과정이죠. 하나의 법은 늘 한 가지 문제에 대한 답으로만 존재해요. 그러니 문제가 바뀌면 반드시 법도 바뀌어야 해요. 완벽한 규제가 없다는 건 놀랄 일이 아니에요. 아마도 완벽한 규제란 영원히 없을 거예요. 앞으로도 내가 보고 싶은 건 사용자보다 기업에 훨씬 더 강하게 책임을 묻는 거예요. 지금은 기업이 사용자의 동의를 얻어야 해요. 쿠키 배너의 형태로 사용자의 데이터를 공유하는 것을 허락하는지를 묻는 거죠. 하지만 현실은 모든 사람이 거래 약관을 읽는 건 아니라는 거예요. 읽어도 약관을 이해하는 사람이 많지 않고, 끝까지 읽는 사람도 극히 드물어요. 스마트폰에서도 앱을 스무 개는 쓰고 있을 텐데, 그 앱들의 약관은 하나같이 아주 길 거예요.

그러니까 기업이 법을 준수하고 있다고 해도, 그런 합의가 사람들이 실제로 자신들의 데이터가 쓰이는 방식에 만족하고 있는지를 측정하는 가장 좋은 방법은 아닐 수도 있어요. 개인정보를 확실히 보호할 수 있는 방법을 이용해 좋은 의도를 가지고 데이터를 윤리적으로 다루고 있음을 외부 세계에 보여주는 것을 의무화함으로써, 기술 기업들이 데이터 사용에 관한 책임을 지도록 바뀌어야 한다고 생각해요.

기술 대기업이 우리 데이터를 책임감 있게 다루게 하려면 어떻게 해야 할까요? 우리가 할 수 있는 일이 있을까요?

기업들은 윤리적 경영이 경쟁에서 이기는 방법이라는 사실을 깨닫기 시작했어요. 사용자들은 자신의 개인정보가 침해받으면 그 기업의 서비스를 이용하지 않는다는 흥미로운 연구 결과들이 있어요. 그런 연구들은 사람들이 자신의 개인정보가 함부로 사용된다고 느낄 때 화를 낸다는 사실을 보여줘요. 예를 들어 공포 영화를 보려고 검색했는데, 그다음 한 주 내내 브라우저에 공포 영화 광고가 뜨는 일 같은 거 말이에요. 그건 사람들을 섬뜩하게 하는 권리 침해라서, 그런 경험을 하고 나면 해당 플랫폼을 다시는 이용하지 않는 경우가 많아요.

기업이 개인정보를 윤리적으로, 투명하고 개방적으로 다룰 때, 사람들은 그 기업의 서비스나 제품을 더 많이 이용한다는 연구 결과도 있어요. 따라서 규제는 아주 중요하고 힘도 어느 정도 있지만 사실은 고객이 가장 막강한 힘을 가지고 있어요. 기업의 서비스나 제품을 이용하지 않는 것으로 저항을 시작하면 시장도 결국 변화할 수밖에 없어요.

자동화된 편향은 아주 큰 위험이에요. 어떻게 해야 독자들이 자신들에게 자동화된 편향이 일어났음을 알 수 있나요? 그럴 때는 어떤 조치를 해야 할까요?

아직은 그 누구도 대답하기 어려운 질문 가운데 하나예요. 복잡하기도 하고요. 무엇보다도 중요한 건 그런 편향이 어떤 의미를 지니고 있으며, 어디에서 비롯된 것인지를 알아내는 거예요. 편향이란 사회를 비추는 거울에 불과하니까요. 우리는 우리가 사는 세상에서 우리가 사는 세상에 대한 데이터를 수집해요. 그러니까 그 데이터는 우리 세상의 모습을 반영하고 있는 거예요. 기계학습은 우리가 과거를 살펴보면서 일이 진행되는 방식에 대해 어떤 분명한 패턴을 보았다는 것을 가정하고 그 패턴을 사용하면 미래를 예측할 수 있다는 추론을 근거로 작동해요. 그러니까 기계학습은 오직 미래가 과거와 똑같은 모습일 때만 효과를 발휘하는데, 사실 과거가 항상 좋은 건 아니잖아요! 그렇기 때문에 중립

적인 데이터나 편향이 없는 데이터는 존재하지 않는다는 사실을 아는 게 중요해요.

정책적으로나 기술적인 수준에서 이 문제를 다루는 방법을 알아내는 건 우리가 집단적으로 해결해야 할 문제예요. 왜냐하면 그건 단순히 법적이거나 윤리적인 문제가 아니기 때문이에요. 자동화된 편견과 연결된 분야는 아주 많기 때문에 효과적으로 목표를 달성하려면 머리를 맞대야 할 필요가 있어요. 이 문제는 역사적으로 다양한 방식으로 무시되어왔고, 지금까지도 불이익을 받고 있는 젊은 여성들에게는 특히 어려운 일이에요. 우리는 미래에는 지금 존재하는 전형적인 모습이 남아 있지 않기를 원해요. 가장 중요한 것은 우리의 접근 방식이 포용적이고 다양해야 한다는 거예요. 이를 인식하고 촉구해야 해요. 제품을 기획하고 생산하는 사람은 주로 백인 남성이에요. 그렇다 보니 제품을 만들 때는 백인 남성들에게 적합한 제품을 만들죠. 그게 꼭 나쁘다는 뜻은 아니에요. 내가 말하고 싶은 건, 사람은 누구나 자기 자신만을 안다는 거예요. 누구나 자기 가족과 친구들하고만 교류하고, 자기만의 경험이 있다는 거죠. 그 누구도 결코 다른 사람이 될 수 없어요. 우리 모두의 무의식 속에는 어느 정도 편향이 존재해요. 하지만 우리가 사회 전체에 직접 영향을 미칠 수 있는 체계를 만들려고 한다면, 우리가 사용할 그 체계는 과거와 같은 실수를 반복하지 않아야 하고, 사회 전체를 포괄할 수 있는 기술을 제공해야 한다는 점을 확실히 해야 해요. 알고리즘이 사람들이 어떤 일을 하거나 할 수 없거나, 대출을 받거나 받을 수 없거나, 취직을 하거나 할 수 없거나를 결정하지 않도록요.

당신은 블랙박스를 부수고 AI가 어떤 결정을 내리게 된 이유를 사용자에게 설명해야 한다고 말했어요. AI가 결정을 내린다는 것이 사용자에게는 어떤 의미인지 말씀해주시겠어요?

설명을 한다는 건 실질적인 책임을 지겠다는 의지를 보여주는 아주 좋은 첫걸음이에요. 모든 문제를 해결하는 만능열쇠는 아니지만, 신뢰를 형성할 수 있고 책임을 지는 바람직한 첫 단추임은 분명해요. 설명을 들으면 사람들은 자신이 '왜' 그 기업에 불합격했는지, 어째서 대출 승인을 받지 못했는지, 어째서 자신이 교도소에 가야 하는지를 알 수 있으니까요. 구글은 내가 동료들과 함께 구현한 텐서플로TensorFlow* 에서 '반反사실적 설명counterfactual explanation'** 에 관한 내 작업 몇 가지를 이미 적용하고 있어요. 사용자는 AI가 그런 결정을 내린 이유에 관해 '반사실적 설명'으로 듣게 되는 거죠. 이제는 알고리즘에게 직접 어째서 그런

* 일반인들도 딥러닝 프로그램을 쉽게 구현할 수 있도록 다양한 기능을 모아놓은 것. 구글이 만들어 제공하고 있다.

** 인공지능을 설명하는 방식. 조건을 다르게 가정했을 때 어떤 일이 발생하는지를 추론해보는 것을 말한다. 예컨대 X가 여자일 경우, '만약 X가 남자였다면 ~였을 것이다'라고 생각해볼 수 있다.

특별한 명령을 내렸는지 그 이유를 설명해달라고 요구할 수 있어요. 이런 식으로 블랙박스를 깨뜨리면 책임감은 올라갈 수밖에 없어요. 대출을 받지 못한 것이 여자이기 때문이라는 설명을 듣는다면, 그 정보를 가지고 당연히 항의해도 돼요. 의사결정 과정에서 성별이 어떤 역할을 한다는 건 있어서는 안 될 일이니까요. 반사실적 설명은 개인의 차원에서 편향을 깨는 데도 유용하지만, 실제로 어떤 범주(사는 지역이나 수입 같은)가 의사결정 과정에 작용했는지를 알고자 할 때도 활용할 수 있어요. 반사실적 설명은 모든 사람에게 도움이 돼요. 아주 복잡한 체계를 사용하지만, 결정을 내린 이유는 컴퓨터 과학자가 아닌 사람들도 이제는 아주 쉽게 이해할 수 있으니까요.

지금 우리가 아주 엄청난 발전을 이루고 있는 것 같기는 하지만, AI가 모든 것을 설명할 수 있게 될 때까지, 우리 자신을 보호하려면 무엇을 해야 할까요?

즐기면서도 의심을 해야겠죠. AI는 사회에 이득을 가져다줄 놀라운 기회를 제공할 수 있어요. 의료 분야 같은 곳에서 말이에요. 다른 분야에서도 AI는 더 빠르고 정확하게, 비용을 절감하며 일할 수 있게 해줄 거예요. 그건 정말 근사한 일이죠. 하지만 기술에 관해서는 회의적인 자세를 견지해야 해요. 알고리즘을 맹목

적으로 믿으면 안 돼요. 알고리즘에게 질문을 해야지, 알고리즘에 입력하는 데이터를 맹목적으로 믿으면 안 돼요. 실제로 의도한 대로 작동하고 있을까? 어떤 편견이 심어져 있는 건 아닐까? 얼마나 많은 시험을 거쳤을까? 이미 알고 있는 문제들이 해결됐음을 분명히 알고 싶다면 어떤 예방 조치를 취해야 할까요? 나는 보통 온라인 다이어리에 기록을 하지만, 종이 다이어리에도 기록을 해요. 그리고 비교해봐요. 온라인 다이어리는 빠르고 더 편리한 방법인 건 분명하지만, 문제가 생기면 사라져버릴 수 있다는 점에서 종이 다이어리를 쓰는 건 현명한 방법이에요. 종이 다이어리가 나의 백업이에요. AI가 할 수 있는 일에 관해서도 신이 나는 만큼 경계도 해야 해요. 어떤 일이 잘못되더라도 피해를 최소화하는 법을 알아서 안전하게 실패하는 게 중요해요.

8장

AI를 능가하는 방법

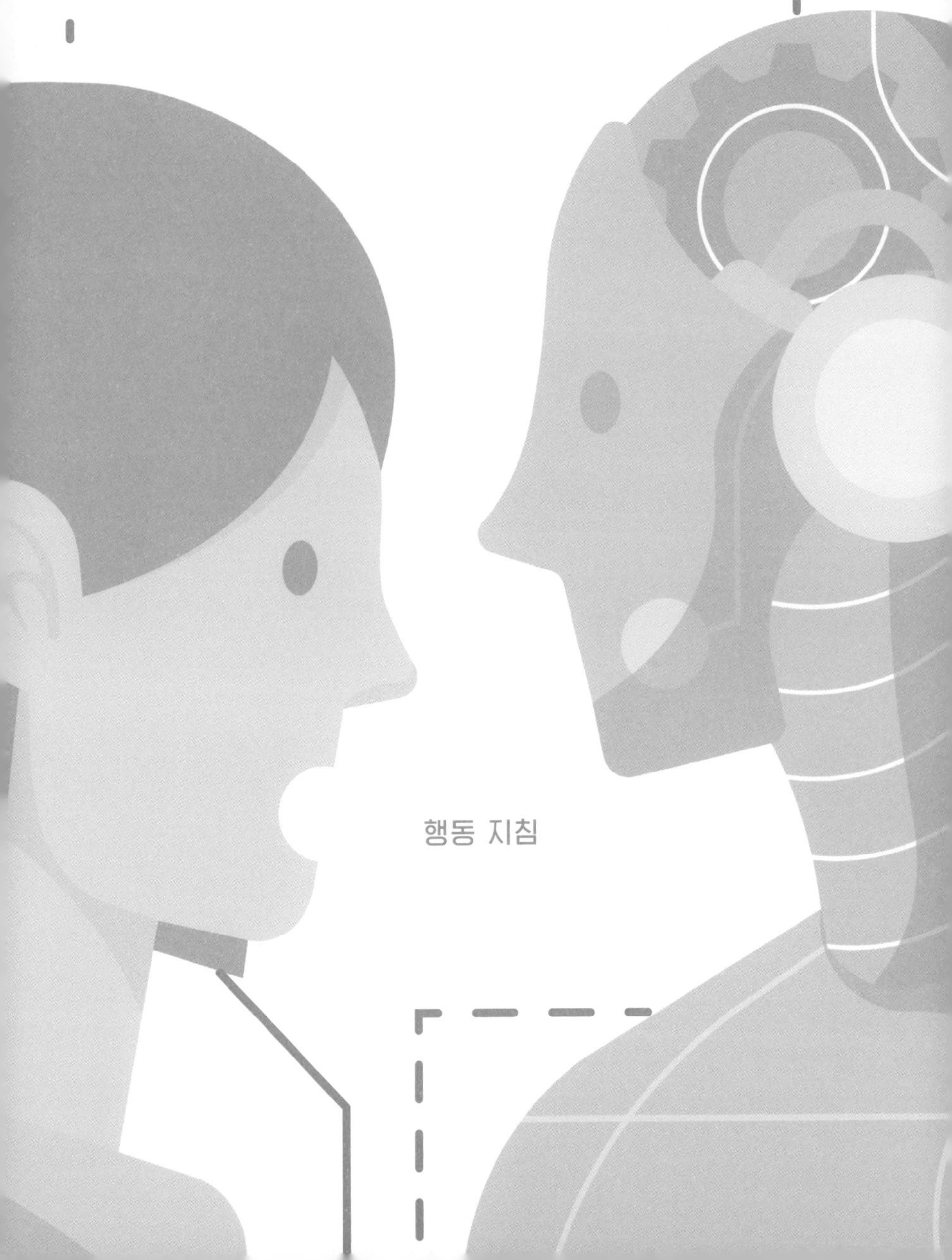

행동 지침

나는 이 책의 여백이 볼펜으로 적은 당신의 단상으로 가득 차고, 여러분이 학교나 일터로 돌아갔을 때 새로운 아이디어를 적용할 수 있는 방법을 알아보고 있기를 바란다. 이 장에서 소개하는 행동 방침들은 이 새로운 영토를 탐색하는 독자들에게 도움이 될 것이다.

어쨌거나 이 책을 집어들었다는 것은 그만큼 호기심이 있다는 뜻일 것이다. 계속해서 이 길을 가면서 그 호기심을 키워나가기를 바란다. 그것이야말로 빠른 속도로 맹공을 퍼붓는 기술 변화에 맞서 가공할 무기와 뛰어난 방어 수단을 동시에 갖추는 길이 될 테니까. 모든 조언의 핵심은 반드시 모든 것에 질문을 해야 한다는 것이다. 이 책이 나올 무렵이면 이미 받아들여야 할 것과 방어책을 마련해야 할 것이 새롭게 등장할 거라는 걸 안다. 그러니 내가 시간의 시험을 견디고 유일하게 살아남을 거라고 생각하는 조언은 이것이다. '호기심을 기르고, 발견의 느낌을 공유하라.' 지금 알고 있는 것을 자기 가슴속에만 담아두지 말자. 배운 것을 설명하면 가족과 친구들에게만 도움이 되는 것이 아니다. 순수하게 공유하는 행동을 통해 자신의 이해력도 공고히 할 수 있다. 그 누구도 외로운 전사가 되면 안 된다. AI의 세계에서 여성들이 성공하고 싶다면 우리는 함께여야 한다.

하나, 변화를 받아들이자

사람인 우리는 이 모든 변화에서 가장 중요한 부분이다. 그러니 끊임없이 어째서 우리가 독특하고 특별한 존재이며, 기계보다 더 가치가 있는지를 상기해야 한다. 기계가 아무리 똑똑하다고 해도 말이다.

이제는 여러분도 알게 되었겠지만, 기술 변화는 필연이지 무시해도 되는 선택 사항이 아니다. 로봇은 사라지지 않을 것이다. 그러니 우리는 변화를 받아들여야 한다. 하지만 어떻게? 우리가 하고 있는 일을 빼앗아갈 수도 있는 변화를 받아들여야 한다는 건 어떤 의미일까? 우리는 우리를 취약하게 만들지 않으면서도 (숨어 있을 때가 많은) 장점을 이끌어내는 방식으로 그 변화를 수용할 수 있을까?

여성들은 기계와 함께 일하고 살아가는 방식에 관해 아주 많은 것을 사람들에게 가르쳐줄 수 있다. 동정심, 돌보는 능력, 공감 능력, 육아 능력 등등 전 역사를 통해 전통적으로 여성과 관계가 있는 이런 자질들은 지금까지 노동 시장에서 퇴출당하거나 밀려났다. 현재 돌봄 노동은 가장 임금이 낮은 직업 가운데 하나이며, 집에서 (주로 여성이) 하는 돌봄 노동은 무임금이다. 하지만 언제나 아주 중요했던 이런 자질들은 점점 더 필요해지고 있으며, 점점 더 평가 절하하기가 힘들어지고 있다. 모든 직업의 많은 측면이 기계로 대체되겠지만, 모든 일을 기계가 전부 할 수는 없다. 당신이 의사라면 어떨까? 로봇은 의학 서적 『그레이 해부학 *Gray's Anatomy*』에 실린 모든 내용과 내가 사랑하는 텔레비전 시리즈 「그레이 아나토미」의 모든 내용을 시스템에 입력하고는 사람의 눈으로 볼 수 없는 질병을 예측하고 감지할 수 있을지도 모른다. 하지만 사람처럼 교감을 할 수 없고, 진심으로 누군가를 돌볼 수 없다. 환자가 평온을 느끼고 회복하려면 반드시 필요한 무언가가 없는 것이다. 사람의 공감 능력을 기계는 가질 수 없다.

여성들은 점점 더 중요해지는 또 다른 능력도 이미 갖추고 있다. 어떤 경우에도 정신을 똑바로 차리고 있는 능력 말이다. 수 세기 동안 여성들은 온갖 종류의 차별과 편견을 받아야 했다. 여성들은 계속해서 경계를 늦추지 않고, 힘든 일이 있어도 회복하는 방법과 변화를 예측하고, 미묘한 단서를 포착하고, 세상을 분석해 위험에 대비하는 방법을 알아야 했다. 여성들은 언제나 '남성'보다 한발 앞서가야 했다. 이제 여성들은 우리에게 '기계'보다 한발 앞서가는 방법을 가르쳐줄 수 있다. 정확히 말해 그게 무슨 뜻일까? 지금 당신이 어떤 분야에서 일을 하고 있건, 과거에 어떤 분야에서 일을 했건, 학교를 졸업한 뒤에 무슨 일을 하고 싶건 간에 당신의 일에서 어떤 부분이 자동화가 될지 사고실험을 해보자. 자동화가 되는 부분은 AI나 좀더 간단한 자동 처리 기능을 이용할 수도 있음을 명심하는 것이 중요하다.

자신에게 물어봐야 한다. 스마트 기계를 사용하면 어떤 일을 더 잘할 수 있을까? 기계가 잘하는 일을 예측할 수 있다면 AI에게는 경쟁력이 없는 기술을 갈고닦는 데 집중할 수 있을 것이다. 슈퍼컴퓨터와 정면 대결을 해야 할 이유가 있을까? 전혀 없다. 우리는 정교한 잔기술을 이용해 슈퍼컴퓨터를 능가하면 된다. 다음과 같은 과정을 통해 우리는 미래의 기술이 나아갈 방향을 알 수 있다.

1. 자신이 책임지고 있는 일을 업무별로 나누어 목록을 쭉 적어보자. 나는 스프레드시트를 활용하지만, 종이를 선호한다면 종이에 써도 된다.
2. 선이나 표를 그려 한 면을 네 칸으로 나누어 맨 왼쪽에는 '완전 자동화'라고 쓰고 맨 오른쪽에는 '사람만이 할 수 있는 일'이라고 적는다.
3. 반복해서 해야 하는 일 가운데 여러 사람이 협동할 필요

도 없고 창의력도 필요 없는 일을 적는 난을 두 번째 칸에 추가하자. 세 번째 칸에는 끊임없이 바뀌는 복잡하고 예측하기 힘든 일이어서 많은 사람이 협력해야 하는 일을 적는 난을 추가하자.

예를 들어 다음과 같은 표를 만드는 것이다.

완전 자동화가 가능한 일	자동화가 가능한 일	자동화하려면 오랜 시간이 필요한 일	사람만이 할 수 있는 일

4. 이제 대략적인 중간 지점을 찾아보자. 미래에 어떤 업무가 자동화될 것인가? 자동화되어야 한다고 생각하는 업무는 무엇이며, 전적으로 사람의 영역으로 남아야 한다고 생각하는 업무는 무엇인가?
5. 그 정도로 자동화 단계에 도달하려면 무엇이 필요하고, 어느 정도의 시간이 걸릴지 생각해보자. 예를 들어 이렇게 질문해보는 것이다. 현재 기계가 읽을 수 있는 포맷에는 (수많은 종이가 아니라) 기계를 훈련할 수 있을 만큼 충분한 데이터가 있는가? 사람은 고작 몇 년 안에 일어날 변화에 대해서는 지나치게 과장해서 생각하지만 10년에서 20년 후에 일어날 변화는 과소평가하는 경향이 있으므로, 조심

해야 한다. 예를 들어 30년 전 사람들은 지금쯤이면 날아다니는 자동차가 있을 거라고 생각했다!

6. 이제 적은 목록을 보면서 기계는 쉽게 해낼 수 없기 때문에 사람이 좀더 집중해서 습득해야 할 기술이 무엇인지 찾아보자. 도구를 사용해야지만 해낼 수 있는 일이거나 언젠가는 도구를 사용할 수밖에 없는 일이라는 판단이 들어 굳이 애써 습득할 필요가 없는 기술도 알게 될 것이다. 이런 연습은 내면에 존재하는 기업가 정신을 깨우는 좋은 촉매제이기도 하다. 창업하거나 조직에서 이런 특수한 간극을 해결할 수 있는 프로젝트를 시작할 방법을 생각해보자.

이런 연습을 통해 직업이 어떻게 변해갈지에 대한 감을 잡을 수 있기를 바란다. 물론 어떤 변화가 올 것인지, 특정한 상황에 적응하기 위해 어떤 기술을 익혀야 하는지를 정확하게 예측하기란 거의 불가능하다. 내가 정말로 말해주고 싶고 제안하고 싶은 것은 언제 어느 때라도 무언가를 배우는 방법을 배우면 어떤 상황이 오더라도 잘 해내도록 준비할 수 있다는 것이다.

학교에 다닐 때, 나는 내가 난독증임을 알았다. 그건 내가 친구들과는 다른 방법으로 공부를 해야 한다는 뜻이었다. 나는 무엇이 됐건 단순 암기로는 배울 수가 없었다. 눈으로 확인해야 했고, 개념을 해체한 뒤에 나만의 방식으로 다시 조립하고 나서야 새로운 개념을 이해할 수 있었다. 학교에서 정해준 방식대로 공부하려고 애쓴다는 것은 좌절해야 한다는 뜻이었고, 자주 수업을 방해한다는 이유로 벌을 받아야 한다는 뜻이었다. 하지만 그런 학창 시절 덕분에 내가 가진 가장 뛰어난 기술을 연마할 수 있었다. '배우는 법을 배운' 것이다. 자신이 어떤 식으로 배우는지를 알고 배우는 방법을 알아두면 새로운 무언가를 접했을 때 훨씬 쉽게 살아갈 수 있다. 자기 자신에게 친절해야 한다. 자신에게 새로운 일을 이해할 수 있게 노력할 시간을 주자. 내 친구 중에는 다른 사람에게 가르쳐주어야지만 배울 수 있는 사람도 있고, 강의 내용을 모두 녹음해 거듭해서 들어야지만 배우는 사람도 있다. 이제 우리는 공부가 아닌, 일을 해야 하는 어른이 되었지만, 상황은 바뀌지 않았다. 우리는 그런 기술들을 이용해 계속 배워야 한다. 팟캐스트가 되었건, 강좌나 이벤트, 다큐멘터리가 되었건 간에 학습의 연료가 되어줄 수단을 수용하고 이용해야 한다. '자신'에게 가장 잘 맞는 학습 방법을 파악하고 그 방법을 이용해 깊이 공부해나가는 데 너무나도 늦은 때는 없다.

사람들은 평생에 걸쳐 많은 역할을 맡고 많은 일을 하게 될 가능성이 크며, 심지어 직업도 여러 개 가질 수 있다. 운이 좋아서 선택을 할 수 있다면 앞으로 무엇을 배우고 어떤 일로 돈을 벌 수 있을지 찾아보자. 지금 하는 일에 상관없이. 동시에 여러 가지 일을 처리해야 하는 전업주부이거나 직장에 다니는 여성 노동자라고 해도 말이다. 실제로 상황은 변해가고 있고 예측할 수 없는 곳에서 한꺼번에 많은 일을 처리하는 능력은 사람이 기계보다 뛰어난 또 다른 영역이다. 우리는 미처 모르고 있지만, 이 새로운 기계학습의 시대에 사람들이 가장 원하는 기술을 이미 갖고 있을 수도 있다!

요약 | 당신이 변화를 만들 수 있는 지점을 생각해보자. 자신이 감추고 있는 소중한 재능을 알아내자. 무엇보다도 할 수만 있다면 자신에게 배울 수 있는 기회를 주자. 당신은 자신이 생각하는 것보다 훨씬 더 뛰어난 능력을 갖고 있다. 이 모든 것이 AI를 능가할 수 있는 독특한 장점이 되어줄 것이다.

둘, 로봇과 대화하자

우리 할머니는 '질문을 이해하면 답은 저절로 찾아올 거야'라는 말을 자주 하셨다. 이제는 할머니의 주옥같은 말씀이 사실은 아인슈타인의 말을 응용한 거라는 걸 안다. AI에 관해 고민할 때도 이 질문을 활용할 수 있다. 기계에게 어떤 식으로 이해를 시켜야 우리 질문에 맞는 대답을 기계에서 들을 수 있을까? 이런 일은 연습이 필요하다. 특정 사람들에게는 남들보다 훨씬 더 단호한 결심을 해야 하는 일이기도 하다(계속 살펴본 것처럼 기계는 기계를 만든 사람들의 편향을 반영하고 있으며, 가끔은 문자 그대로 그 편향이 듣는 사람들에게 영향을 미친다). 뒤처지고 싶지 않다면 끈기 있게, 꾸준히 하는 것이 중요하다.

이 책을 출간할 무렵에 전 세계에서 판매된 스마트 스피커는 2억 대에 달하며, 영국에서는 전체 가정의 11퍼센트가 스마트 스피커를 소유하고 있다. 이는 당신이 스마트 스피커를 본 적이 있거나 이미 집에 가지고 있을 가능성이 있다는 뜻이다. 지금 특정한 상표를 홍보하거나 스마트 스피커를 사야 한다고 말하려는 것이 아니다. 하지만 스마트 스피커는 AI 기계가 이해할 수 있는 질문을 하고, 문장을 구사하는 방법을 연습할 수 있는 좋은 도구다. 그렇다고 당장 가게로 뛰어갈 필요는 없다. 이미 당신은 AI와 대화가 가능한 제품을 가지고 있을 수도 있다. 애플 이용자라면 시리와 대화하면 되고 마이크로소프트나 구글 사용자라면 개인 비서 소프트웨어 코타나와 대화하면 된다. 알람을 음성에 반응하도록 설정하거나 음성 인식 개인 비서 소프트웨어를 이용해 달력에 약속을 기록하거나 인터넷 검색을 해보자.

친구들은 AI 가정 관리 시스템을 포기했다거나 자동차가 자신에게 말을 거는 것을 참을 수가 없다고 말한다. 내 반응은 언제나 같다. 이 기술은 어디론가 떠나가지 않을 것이다. 그러니 나는 친구들이 피하지 않고 그 기술을 이용해 더 나은 삶을 살 수 있도록 도우려고 애쓴다. 친구들은 보통 다음과 같은 질문들을 한다.

우리 집도 똑같은 문제를 겪고 있다! 무엇보다도 AI 개인 비서에게는 모두 '호출어'가 있다는 걸 알아야 한다. 호출어는 기계가 반응해 시스템을 시작하도록 하는 명령어다. 예를 들어 '알렉사'라고 말하는 것이다. 호출을 한 뒤에는 분명한 목소리로 지시 내용을 설명해주어야 한다. 그런데 많은 여성이 스마트 음성 인식 시스템이 집에서 남자 목소리만을 알아듣는다는 이유로 좌절감을 느낀다고 말한다. 당신만의 문제가 아니다. 유고브YouGov 조사 결과에 따르면 음성 인식 개인 비서를 소유한 여성 가운데 3분의 2가 기계가 자신의 목소리를 인지하지 못할 때가 '가끔' 있다고 대답했다. 하지만 남성들은 54퍼센트만이 그런 경험을 한다고 했다. 기계가 주로 남성의 낮은 목소리로 훈련받기 때문이다. 그 말은 음성 인식 개인 비서는 높은 톤인 여성의 말을 알아듣지 못한다는 뜻이다.

이런 상황을 개선하기 위해 할 수 있는 일이 있다. 예를 들어 알렉사를 설정할 때 '음성 인식' 항목에서 '내 목소리 인식하기'를 누른다. 그러면 AI 개인 비서가 당신에게 말해달라고 요청할 테고, 당신의 음성과 음색을 학습하기 시작할 것이다.

AI 개인 비서가 여성의 목소리를 잘 알아듣지 못하는 것은 단지 목소리 때문만이 아니다. 유고브는 여성이 남성보다 스마트 스피커에게 훨씬 더 친절하게 말한다는 사실을 발견했다. 여성의

45퍼센트는 AI 개인 비서에게 '~해주겠니?'라거나 '고마워'라고 말했다. 남성은 30퍼센트만이 그런 말을 했다. 나도 그 45퍼센트 안에 들어서, 새로운 앱을 설치할 때면 배우자에게 알렉사는 '~해주겠니?'라거나 '고마워'라는 말을 해야지만 우리의 질문에 반응할 거라고 말해준다. 기술적으로, 그것은 사실도 아니고 가능한 일도 아니지만, 나는 작은 선의의 거짓말이 상황을 옳은 방향으로 이끄는 자극제가 된다고 생각했다. 하지만 알렉사는 지시 내용에 불필요한 단어가 섞이면 사용자의 요청에 제대로 응답하지 못한다. 나는 그 이유를 몇몇 전문가에게 물어보았고, 명령어에 필요 없는 단어가 들어가면 기계가 혼동을 일으킬 수 있다는 사실을 알게 되었다. 이때 나는 기계에 프로그램하는 방법이 우리가 기계와 상호작용하는 방식뿐 아니라, 우리가 잠재적으로 서로 대화하고 기계에게 말을 거는 방법을 처음 학습시키는 방식에도 영향을 미칠 수 있음을 처음으로 알게 되었다.

사람이 음성 인식 개인 비서에게 '~해주겠니?'라거나 '고마워'라는 말을 하는 게 옳은지는 나로서는 제대로 판단하기 어렵다. 알렉사가 아이들이 예의 바르게 말을 걸지 않으면 작동하지 않게 할 수 있다는 말을 들었을 때는 정말 신이 났다. 하지만 기계를 지나치게 사람처럼 대하면 여러 가지 문제가 생길 수도 있다. 집에서 AI를 어떻게 대할 것인지는 자기가 결정할 문제이며, 이제는 결정할 수도 있다.

아이들이 알렉사를 아주 친한 친구라고 생각하는데, 나는 어떻게 해야 해?

그 남자, 그 여자, 그 사람 같은 성별이 있는 사람처럼 부르지 말고 '그것'이라고 부르게 해야 한다. 사람과 기계의 차이를 분명히 인지해야 하며, 우리가 이 기술을 부를 때 사용하는 언어는 인간과 기계의 역할을 구분짓기 때문에, 어린 세대가 기계를 사람으로 인지하지 않게 하는 일은 특히 중요하다.

여자 목소리에 갑질을 하는 게 싫어서 그만 쓰기로 했어. 해결 방법이 있을까?

어렸을 때 우리 부모님은 끝내주는 위성 내비게이션을 쓰셨고, 우리는 여러 목소리 가운데 선택할 수 있었다. 물론 나와 오빠는 영화 배우 스티븐 프라이의 감미로운 목소리가 우리를 안내해주는 것을 택했다. 안타깝게도 현재 시장에 나와 있는 AI 개인비서에는 선택의 여지가 많지 않지만 시리 같은 앱은 남녀의 목소리를 선택할 수 있다. 설정을 잘 살펴보면 다른 대안들도 찾을 수 있을 것이다.

그 물건은 음악 스피커로 쓰다가 이제는 먼지가 쌓이기 시작하는데, 그냥 버려도 될까?

안 된다! 당신은 계속 근육 기억력muscle memory을 단련해야 한다. 처음에는 이상하게 느껴지겠지만 혼자서 하는 것보다는 음성 인식 개인 비서를 사용해 더 많은 일을 할 수 있도록 습관을 들이자. 나는 내 음성 인식 개인 비서와 함께 요리하는 시간을 사랑한다. 그저 타이머로 사용하는 것이 아니라 파인트를 리터로 계산해달라고 부탁하고, 집에 없는 재료를 대체할 다른 재료를 알려달라고 부탁한다.

하루 날을 택해 좋아하는 검색 엔진에 자판을 두드려 검색어를 입력하는 일을 일절 하지 말아보자. 친구와 대화를 할 때면 나는 언제나 대화를 중간에 끊고 친구가 한 말이나 내가 한 말을 검증해보려고 검색을 한다! 이때 검색창에 검색어를 입력하지 말고 휴대전화의 마이크에 대고 질문을 하고 친구들과 함께 그 대답을 들어보자. 처음에는 좌절도 하고 반직관적으로 느껴질 수도 있지만 조금만 시간이 지나면 제2의 천성처럼 자연스러워지는 놀라운 경험을 하게 될 것이다.

AI를 좀더 재미있는 방법으로 시험해보고 싶다면 앱에 있는 알렉사 스킬 라이브러리Alexa Skills Library를 살펴보자. 몇 주 동안 나는 '해리 포터 분류 모자'를 이용해 계속 찾아다녔고, 마침내 그리핀도르에 입성했다!

기계가 사람이 하는 말을 계속 듣고 있는 거 아니야? 내가 그 기계를 쓰기 싫어할 때만 딱 맞춰서 마마이트 잼을 주문하는 거 있지? 도대체 어떻게 해야 해?

음성 인식 개인 비서 장치를 침묵시키는 첫 번째 방법은 전원을 끄는 것이다. 설명서를 읽지 않아서 수동으로 조작하는 방법이 있다는 것을 모르는 사람도 있으니, 제품 설명서를 읽어보자.

두 번째 방법은 스피커를 제어하는 앱에서 배경음에 반응하지 않게 설정하는 것이다. 조만간 음성 인식 개인 비서를 만드는 기업들은 이런 기능을 없애고 사용자가 직접 원하는 방식을 선택해 넣을 수 있는 제품을 출시할 것이다. 하지만 그전까지는 사용자가 직접 설정할 것을 권한다.

은행과 전화 회사가 문의 전화를 AI 응답 시스템으로 바꾼 뒤로는 내가 원하는 답을 얻을 수가 없어. 어떻게 해야 할까?

이런 말을 해야 한다는 사실이 싫지만, 계속 시도해야 한다. 기계를 훈련시켜야 하는 것만큼 자신의 근육 기억력을 단련시키고 스스로도 자기 자신도 훈련해야 한다. 당신이 AI 시스템과 대화할 수밖에 없는 일을 해야 한다는 상상을 해보자. 그리고 이 AI 응답 시스템을 그것을 위한 입문 훈련 과정이라고 생각해보는 것

이다. 실제로 나는 봇에게 묻는 것이 은행 홈페이지를 뒤지고 다니는 것보다 더 쉽게 답을 찾을 수 있음을 경험할 때도 있다. 앨릭스와 나눈 대화를 읽은 독자들은 앨릭스가 이 의견에 완전히 동의하지 않을 것임을 알겠지만, 나는 자판을 두드릴 때보다 전화를 할 때 좀더 빠르게, 좀더 직접적인 대답을 얻을 수 있음을 알았다.

기업이 올바른 기술을 개발하게 하는 것은 우리의 책임이 아니다. 하지만 우리도 기술 개발에 어떤 역할을 할 수 있다. 은행에 우리 의사를 전달하는 글을 쓰고, 공개적으로나 사적으로 피드백을 주며, 우리에게 적합한 방식으로 서비스가 개선되도록 압력을 가하는 것이다. 이 문제는 나중에 좀더 살펴볼 것이다.

내 친구가 알렉사를 '나쁜 년아'라고 부르자 알렉사가 '음, 피드백 고마워요'라고 대답하는 것을 듣고 소름이 끼쳤어. 도대체 지금 무슨 일이 벌어지고 있는 거야? 그리고 어떻게 해야 그걸 막을 수 있을까?

끔찍해하는 건 당연하다. 유네스코는 2018년에 여성의 목소리로 말하는 음성 인식 개인 비서들은 '잡을 수 있으면 잡아봐 식의 성희롱을 담은 언어폭력도 환영하도록' 프로그램되어 있다고 발표했다. 친구를 질책하는 것 외에 지금 우리가 할 수 있는 유일

한 일은 제조사에 직접 항의하는 것뿐이다. 나는 기술 대기업들이 언론에서 이 문제를 다루면 그제야 심각하게 문제를 받아들이는 것을 보았다. 현재 알렉사는 언어폭력에 그런 식으로 반응하지 않는다.

셋, 자신을 보호하자

자동차, 주머니에 들어 있는 휴대전화, 집에서 사용하는 전자기기들은 모두 우리가 좀더 단순하고 좀더 재미있게 살아갈 수 있게 해주는 강력한 능력이 있다. 당연히 이는 나쁜 능력은 아니지만, 이런 편리함을 누리려면 치러야 하는 대가가 있음을 의식하는 것이 중요하다. 이제는 알고 있듯이 데이터는 기계학습 알고리즘을 훈련하는 데 사용되며, 오늘날 기업들에게 가장 가치 있는 상품이 되었다. 새로 창립한 많은 기업의 가치는 얼마나 많은 수익을 달성하느냐가 아니라 얼마나 많은 데이터를 보유하고 있느냐가 결정한다.

개인으로서 우리는 위험한 AI 기술을 개발하고 사용하는 일에 책임이 없음이 분명하며, 그렇기 때문에 개인인 우리는 그런 문제를 해결할 수도 없다. 그런 문제는 데이터 경제와 권력 구조라는 관점에서 해결해야 한다. 인터넷 브라우저에서 쿠키를 허용하지 않는 사람은 표적화, 데이터 침해, 감시라는 더욱 심각한 문제를 멈추기 위해 할 수 있는 일이 아무것도 없다.

우리는 기업들이 우리의 데이터를 어떻게 사용하고 있는지를 알 권리가 있으며, 이런 자료들은 당연히 우리가 찾아볼 수 있는 곳에 있어야 한다. 지난 20년 동안 음식에 대한 우리의 태도가 얼마나 바뀌었는지 생각해보라. 우리는 훨씬 더 영리하고 까다로운 소비자가 되어 우리가 먹는 음식에 들어가는 재료가 무엇인지, 그 재료는 어디에서 어떻게 재배되었는지, 각 제품에 들어 있는 영양 정보에 관해 알려달라고 요구하고 있다. 우리는 더 많은 것을 배우고, 우리 몸으로 들어가는 것들을 이해하려고 노력하기 시작했다. 영국에서는 소비자가 좀더 의식적으로 결정을 내릴 수 있도록 각 식품을 신호등 색으로 표시한 안전 관리 시스템을 운영하고 있다. 하지만 기술 제품들은 그런 식으로 경고를 해주는 체계가 마련되어 있지 않다.

이 문제를 해결하기 위해 모질라 재단은 고객이 제품의 안전성을 살펴볼 수 있는 웹사이트 'Privacy Not Included(개인정보 불포함)'을 운영하고 있다. 제품의 안전성을 평가하기 위한 질문 항목을 마련해 최소한의 기준으로 삼을 수 있게 했다. '개인정보 불포함'은 좋은 웹사이트일 뿐 아니라 어떤 제품이나 서비스를 이용하려고 할 때 어떤 질문을 해야 할지를 알려준다.

- 나를 감시하는가?
- 생각지도 못했던 목적으로 다른 곳에 나의 개인정보를 제

공하고 있는가?

- 홈페이지에 가입할 때 받은 기본 암호를 바꾸라고 권하는가?
- 자동으로 보안을 업데이트하는가?
- 저장한 개인정보를 삭제하는가?
- 부모가 통제할 수 있는 자녀 보호 기능이 있는가?
- 취약한 보안 문제를 과거에 어떤 식으로 관리했는가?
- 잘못되면 생길 수 있는 문제는 무엇인가?

소셜미디어 기업들 사이의 경쟁이 충분하지 않다는 것도 문제다. 전 세계 사람들 대부분이 이용하는 페이스북과 인스타그램은 같은 회사의 플랫폼이다. 계속해서 사이트의 소유주를 파악하고, 안전한 사이트를 알아내는 것은 시간을 낭비하는 귀찮은 일일 수도 있다. 다행히 스카이Sky 뉴스의 롤런드 맨소프Rowland Manthorpe나 『파이낸셜 타임스』의 마드후미타 머지아Madhumita Murgia 같은 언론인이 이미 많은 조사를 해두었다. 한 기업의 윤리관을 확신할 수 없을 때는 그 회사의 서비스를 이용하기 전에 언론인들이 발표한 최신 기사를 재빨리 검색해보는 것이 좋다.

온라인 플랫폼에서 우리가 직면하는 문제는 이런 플랫폼들이 우리의 관심을 끌기 위한 전쟁을 벌이고 있다는 것이다. 신문, 텔레비전 쇼, 정치인, 광고는 모두 우리의 시선을 끌려고 사투를 벌이며 험한 벼랑을 기어 올라가고 있다. 이 전쟁에서 이기려고 플랫폼들은 우리가 남긴 쿠키를 통해 알아낸, 우리가 클릭하고 읽고 공유하고 구매할 가능성이 있는 콘텐츠를 보여주는 AI 기술을 활용할 때가 많다. 인터넷을 사용할 때 우리는 각자에게 맞춰진 특수한 버전의 인터넷을 접하게 된다. 하지만 이런 인터넷 현실을 물리칠 수 있는 방법이 몇 가지 있다.

그중 하나는 당신이 인터넷을 사용하는 경로와 구입하는 물건을 이미 파악하고 끊임없이 당신 앞에 제품을 놓아두는 회사들이 쳐놓은 함정에서 벗어나는 것이다. 기업의 의도를 알면 새로운 뉴스를 보고, 새로운 사람들을 팔로우하고, 새로운 제품을 구입하는 등 평소라면 선택하지 않을 대안들을 찾아봄으로써 기존 알고리즘을 뒤엎을 수 있다. 이 방법을 이용하면 당신의 피드가 당신에게 먹이려고 하는 제품을 소비하지 않을 수 있다.

이런 전략은 선거운동을 하는 사람들이 당신에게 다가가려고 막대한 돈을 지출하는 선거 기간에 특히 중요하다. 앞으로는 다양한 소식을 접함으로써 같은 사람들이 늘 반복하는 미사여구만을 읽고 자기충족적인 예언에 갇히는 일을 피해야 한다. 다음으로 해야 할 일은 자신이 얻은 정보의 출처를 조사하는 것이다. 그 기사를, 그 동영상을 당신에게 알려준 사람이 누구인가? 친구였는가, 익명의 아바타였는가? 언제 인터넷에 올라온 정보인지 날짜를 확인하고 팔로워가 몇 명인지도 확인해야 한다. 정보의 출처가 실제로 존재하는 사람인지, 진짜 뉴스인지, AI가 만들어 낸 가짜 뉴스인지 의심이 드는가? 지식이 힘이다.

당신의 가치관을 반영하는 회사에서 만든 제품을 살 수 있고, 다른 사람에게도 같은 선택을 하도록 권할 수 있다면, 아주 간단한 행동으로 큰 영향력을 행사할 수 있다. 할 수 있다면 이미 존재하는 편향과 불공정, 성차별을 강화하는 회사들을 비판하는 일을 주저하지 말아야 한다. 목소리를 내고 제품 구매를 거부하는 것은 다국적 기업에 영향을 주고, 다국적 기업이 준수해야 할 법적 규제를 만들 수 있게 하는 좋은 방법이다. 공동체 사고방식이 필요한 것이 바로 이 지점이다. 기술 대기업들은 수익에 직접적인 영향이 없는 한 바뀌지 않는다.

이런 어려움에 맞서 자기 자신을 지키는 방법은 데이터에 대한 권리를 알고 그 권리들을 활용하는 방법을 아는 것이다. 그 방법은 4장에서 살펴보았다. 기업들이 점점 더 발전한 AI를 개발하고 있으니 그에 맞춰 GDPR 같은 새로운 규제들도 함께 발전해야 한다. AI를 무시하지도, AI에 분개하지도 말라고 조언하고 싶다. 이런 규제들이 AI를 제대로 사용할 수 있는 권리를 당신에게 부여해줄 것이다. AI는 고용주나 회사만을 위해 존재하지 않는다. 당신을 위해서도 존재한다.

넷, 대화에 참여하자

NASA에서 근무한 도러시 본은 나의 영웅으로, 여러분은 2장에서 내 영웅을 만났다. 도러시는 기계에 두려움을 느끼는 대신에 기계를 수용했고, 곧 기술의 파도가 몰려오리라는 것을 확신하고는 독학으로 컴퓨터 사용법을 익혀 언제나 남들보다 앞서 기술을 연마했다. 도러시의 걸음은 거기서 멈추지 않았다. 자기 팀을 훈련해 팀원들도 충분히 변화에 대비할 수 있게 했다. 도러시의 팀은 새로운 기술이 도입된 뒤에도 해고되지 않고 새로운 직업을 얻을 수 있었다. 도러시는 인종 분리 정책이 시행되던 시절에 흑인 여성으로서 그 모든 일을 해냈다.

현재 통계에 따르면 대기업의 80퍼센트는 AI를 이용해 생산성을 향상시킬 방법을 찾고 있다. 결국 AI 때문이건 AI를 사용하는 조직 때문이건 간에 어쨌거나 우리의 세상은 변할 것이라는 뜻이다. 내 조언이 누구나 따를 수 있는 쉬운 내용은 아니지만, 여러분에게 내주고 싶은 과제는 어떻게 해서든 일어나는 변화에 관여하고 동참하는 것을 목표로 삼으라는 것이다. 그렇게 하지 않는다면 당신의 경험을 고려하지 않고, 당신을 배제한 변화가 일어날 가능성이 높아진다.

이런 상황이 당신에게 미치는 영향력은 당신이 가장 중요하게 생각하는 것이 무엇인지, 이미 가지고 있는 자원과 힘, 영향력이 무엇인지에 따라 결정될 것이다. 당신이 손을 번쩍 들면 AI를 논의하는 방으로 들어갈 자격을 얻을 수 있는 위치에 있다면, 반드시 손을 들고 그 방에 들어가야 한다. 현재 AI에 관한 결정은 거의 백인 남성들로 가득 찬 방에서 내려지고 있다. 이런 상황은 직장에서의 다양성을 해친다는 문제도 있지만, 경험의 다양성을 해친다는 점에서도 문제가 있다. 그 방에 들어간다는 것은 당신의 목소리를 들려준다는 데만 의의가 있는 것이 아니다. 토론에 사용되는 용어들을 바꾸고 당신과 동료와 공동체의 경험을 함께 가져갈 수 있다는 데도 의의가 있다.

기술적으로 어떠한 자격도 갖추지 않은 내가 그 방에 들어갈 수 있다는 것은 믿을 수 없는 특권이다. 그런 특권을 누리고 있는 상황이 언제나 편한 것은 아니며 내가 서게 된 자리에서 엄청난 혼란을 느껴야 할 때가 많았다. 하지만 나는 그런 당혹감을 이겨내고 있다. 부분적으로는 내가 이야기를 찾는 능력이 뛰어나기도 하고, 닫힌 문 뒤에서 일어나는 일을 어떻게 해서든지 알아내고 싶은 강박적일 만큼 커다란 바람을 갖고 있기 때문이기도 하지만, 무엇보다도 다른 사람들과 함께 이 기술에 관해 이야기하고 싶다는 소망을 품고 있기 때문이다.

좀더 활발하게 참여하고 싶다면 다음처럼 해보자.

자신이 보유한 전문 지식을 활용하자. 당신이 속한 조직에서 진행하고 있는 개발 내용에 항상 귀를 기울이고, 상사에게 당신도 참여할 수 있는지 묻자. AI 디자인 팀에는 디자이너, 화가, 언론인처럼 실제 세상에서 일어나는 경험을 해석해줄 수 있는 사람이 필요하다. 당신의 관점은 이런 조직에게 정말로 큰 이득이 될 것이다.

기술력을 연마하자. 이 책을 읽는 동안 실제로 개발에 참여하고 싶다는 마음이 들지도 모르겠다. 9장에 데이터 과학자나 기계 학습 전문가가 되는 방법에 관해 실었으니, 과정을 살펴보도록 하자.

직접 모임을 만들어보자. 기업과 학교에는 특별한 관심을 가진 사람들의 모임이 아주 많다. 그러니 AI 모임을 만들지 말라는 법은 없다. 카페나 음식점에서, 혹은 교실을 몇 시간 동안 빌려서, AI에 관심이 있거나 AI의 영향을 받을 수밖에 없는 사람들을 모아서 의견을 나누고, 합의된 대응을 이끌어낼 수 있다.

그런 모임을 만드는 방법 가운데 하나로, 기업가들을 위한 단체, **퓨처 걸 코퍼레이션**이 있다. 나는 친구들과 함께 이 단체의 설립을 도왔다. worldwide.futuregirlcorp.com을 방문하면 11개 항목으로 분류해놓은 거주 지역에서 직접 기업가 공동체를 만들 수 있는 방법과 조언을 볼 수 있다. '고용Hiring'이라는 개별 항목에서는 AI 렌즈를 끼고 '이곳에 AI를 어떻게 적용할 수 있을까요?' 'AI 세상에서도 이것이 의미가 있으려면 어떤 변화가 필요할까요?' 같은 질문을 할 수 있다. 이런 질문들은 스타트업 기업에 적용할 수 있는 것들에 관해 대화하는 데 도움이 될 것이다.

노동조합에 가입하자. 역사적으로 노동조합은 기술 변화에 맞서 노동자의 권리를 위해 투쟁의 최전선에서 싸워왔고 AI가 일터로 깊숙이 침투하는 순간에도 중요한 역할을 놓지 않고 수행하고 있다. 이미 노동조합에 가입해 있다면 이런 변화를 예측하기 위해 노동조합에서는 어떤 일을 하고 있는지를 물어볼 수도 있을 것이다(많은 조합이 이미 이 문제를 해결할 전문가들을 고용하고 있다). 신기술의 영향을 가장 직접적으로 받는 산업체 중에 아직도 노동조합이 없는 곳이 많다. 하지만 이런 상황은 변하고 있다. 당신이 소속된 곳이 없이 독립적으로 일하는 긱 노동자라면 영국독립노동자연합(IWGB)을 알아볼 수도 있고, 딜리버루Deliveroo 라이더들이 사용하는 왓츠앱Whatsapp에서 열악한 처우를 개선하기 위해 조합을 조직하고 관련 정보를 배우고 동일 업종 노동자들끼리 소통하고 저항하는 방법을 배울 수도 있다.

다섯, 다른 사람들의 말에 귀를 기울이자

이 책에서 나는 서구 사회에서 일하는 여성들에게 초점을 맞추었고, 변화하는 기술을 생각할 때는 자기 자신의 개성을 고려해야 한다고 말해왔다. 거기에 더해 내가 강조하고 싶은 점은 기술 변화가 지구촌의 다른 지역, 우리에게 친근한 공동체 밖에서 우리와는 다른 방식으로 살아가고 있는 사람들에게는 어떤 영향을 미칠지를 생각해봐야 한다는 것이다. 나는 지금 런던에서 살면서 일하는 특권을 누리는 여성의 위치에서 이 글을 쓰고 있다.

이것은 내가 보지 못하는 부분이 아주 많다는 뜻임을 알고 있으며, 우리 자신을 교육할 의무는 나에게 (그리고 나와 비슷한 위치에 있는 사람들에게) 있음도 알고 있다.

우리는 그저 '이 기술은 좋은 거 아니야?'라고 물어서는 안 된다. 왜냐하면 나에게는 좋은 기술이 다른 사람에게는 좋지 않을 수 있기 때문이다. 나는 나에게 묻는다. 내가 보지 못하는 나의 맹점은 무엇일까? 어떻게 해야 그 맹점을 없앨 수 있을까? 내가 듣지 못하는 목소리는 무엇이며, 왜 듣지 못하는 것일까? 나에게 이런 조언들은 모두 이전 조언들에서 이끌어낸 것들로, 일상에서 내가 AI에 접근하는 태도의 틀이 되어준다. 중요한 것은 계속 배우고 질문하고, 기계와 사람 사이의 관계를 구축하는 것이다.

우리의 목소리는 더 많은 사람을 대표할 때 훨씬 커지고 훨씬 의미가 있다. 당신이 속한 모임이나 친구들이 AI를 어떻게 느끼는지를 이해했다면 조직의 최고 책임자나 당신의 상사처럼 실질적으로 변화를 불러일으킬 힘이 있는 사람에게 그 내용을 말할 수 있는 방법을 찾아보자. 트위터나 유튜브 같은 사회관계망 사이트에 당신의 생각을 적어 알리거나 영향력 있는 단체에 이메일을 보낼 수도 있다. 영국 정부 **AI자문위원회**의 회장으로서 나는 당신과 당신 동료들의 생각을 기꺼이 들어보고 싶다.

어떤 절차를 밟든 간에 불쾌하고 불공정하고 불평등하고 명백히 불법인 일을 발견하면 지도부에 책임을 지게 할 방법은 있다. 비윤리적 프로젝트에 맞서는 기술 대기업 내부의 운동인 '기술은 이것을 구축하지 않을 것이다(#techwontbuildthis)', AI의 사회적 영향을 추적하기 좋은 **AI나우**, 온라인에서 입을 수 있는 피해를 예방하기 위한 **글리치UK**Glitch UK, 책임감 있는 기술 정책을 마련하려는 싱크탱크 단체 **닷에브리원**을 살펴보자.

나는 AI에 관한 대화에서 목소리를 내지 못하는 여성들을 지원하는 가장 좋은 방법은 이 책의 수익금으로 **로사**Rosa를 후원하는 것이라는 결정을 내렸다. 로사는 영국의 성인 여성과 청소년 여학생들을 돕기 위한 재원을 확보하고자 설립된 자선기금 단체다.

로사의 상무이사 **리베카 길**Rebecca Gill과 나는 로사의 업무에 관해 이야기를 나누었다. "로사는 여성과 여학생들이 안선하고 건강한 삶을 살아가고, 직장, 집, 공적 생활에서 동등한 기회를 갖는 사회를 만들려고 해요. 2019년에 우리는 영국 전역에서 살아가는 여성들에게 '현재 일은 어떤 모습이며, 다음 10년 동안 일은 어떤 모습이 될 수 있으며, 되어야 한다고 생각하는가?'라고 물은 적이 있어요. 기술이 오늘날 거의 모든 유급 노동을 어떤 식으로 보조하고 있는지는 분명하게 알고 있지만, 자동화의 역할은 아직 분명하게는 파악하지 못하고 있죠. 자동화가 앞으로 10년 동안 우리의 삶에 어떤 영향을 미칠 것인가 하는 문제에는 필연적으로 불안과 기대가 뒤섞일 수밖에 없어요. 여러 면에서 그건 당연한 일이에요. 자동화가 우리에게 어떤 영향을 미칠지는 아무도 모르니까요. 하지만 한 가지는 분명해요. 자동화는 여성들이 삶의 어느 단계를 지나고 있느냐, 어떤 종류의 유급 혹은 무급 노동을 하고 있느냐에 따라 남성들과는 다른 방식으로 여성들에게 영향을 미칠 것이라는 점 말이에요. 로사가 여성들이 회의 탁자에 앉아 대화에 참여하고 미래를 만들어가야 한다고 믿는 것은 그 때문이죠. 여성들은 AI와 로봇공학이 고소득자와 특권층만이 아닌, 모든 남자와 여자, 흑인과 소수민족, 저소득자와 무급자를 포함한 모든 사람을 위한 기술로 활용될 수 있는 방법에 관해 연구해야 하고, 전문 지식을 제공하고, 왜 그래야 하는지 근거를 모으고 토론해야 해요. 로사는 여성들의 조직이 더 넓은 시민 사회와 싱크탱크 기관, 학회, 공무원 조직, 사회적 기업, 노동조합, 기술 전문가들, AI와 로봇공학 분야의 전문가들에게 연구 자금을 대는 기관들과 연계해 여러 각도에서 이 문제를 논의하고 더 많은 목소리를 내기를 소망해요."

우리는 리베카의 가장 큰 걱정거리에 대해서도 이야기했다. 이런 통합적인 노력이 없다면 우리는 별반 다르지 않은 결과를 보게 될 것이라는 걱정 말이다. 어린 여학생들과 성인 여성들은, 특히 빈곤선 이하의 삶을 살아가는 여성들은 엄청나게 큰 피해를 입을 것이다. 내가 여성의 역량 강화에 투자하는 로사의 기금이 늘어나는 데 조금이라도 기여하고자 하는 것은, 그런 일이 일어나지 않기를 바라기 때문이다.

영상 통화가 끝나갈 무렵, 리베카는 (이제는 함께하고 있는) 우리의 임무를 완벽하게 설명해주었다. "흔히 하는 말 있잖아요. 식탁 앞에 앉아 있지 않으면 당신이 식탁 위에 오를 것이다. 로봇공학과 AI의 영향력은 부유한 몇몇 남자만이 미래를 고민하고 결정하게 내버려두어서는 안 될 너무나도 중요한 문제예요."

9장

이제 무엇을 해야 할까?

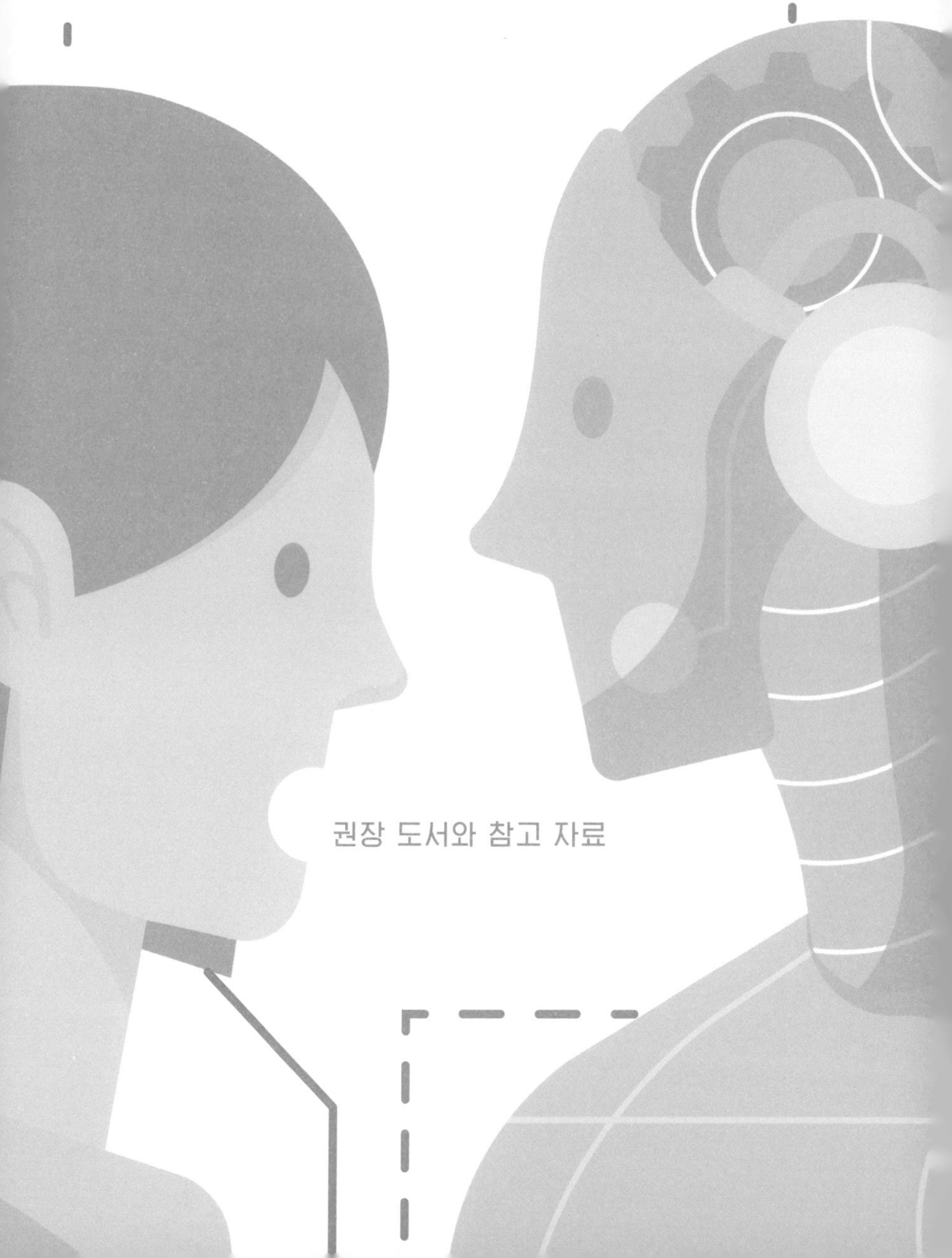

권장 도서와 참고 자료

이 책이 여러분의 호기심을 자극하고, 관련 주제를 조금 더 깊이 읽고자 하는 욕구에 불을 붙여주었기를 바란다. 좀더 깊이 탐구할 수 있도록 참고 목록을 실었다. 모든 자료를 섭렵한 완전한 목록은 아니지만, 내가 AI를 배울 때 활용했던 자료들이 전반적인 학습에 도움이 될 것이다. 이 목록은 차후 웹사이트(howtotalktorobots.co/about-4)에 계속 추가해나갈 것이다. 당신의 심장을 뛰게 하는 소설을 택해도 되고, 공부해야 할 비소설을 택해도 되고, 당신의 기술을 연마할 수 있게 도와줄 강좌를 택해도 된다. 무엇이 되었건 간에 다음 여정을 위한 걸음을 내디뎌보자.

비소설

『감시 자본주의 시대: 권력의 새로운 개척지에서 벌어지는 인류의 미래를 위한 투쟁*The Age of Surveillance Capitalism*』(쇼샤나 주보프 | 김보영 옮김 | 문학사상). 현행 기술 생태계가 어떻게 소수가 다수를 통제할 수 있는 전례 없는 힘을 보유한 시대를 만들어가고 있는지를 고찰한 책이다. 주보프는 그 같은 종류의 자본주의가 사회에 미치는 영향뿐 아니라 그런 사회에서 우리를 보호하고 자본주의에 맞서는 방법도 이야기한다.

『경제의 특이점이 온다: 제4차 산업혁명, 경제의 모든 것이 바뀐다*The Economic Singularity*』(케일럼 체이스 | 신동숙 옮김 | 비즈페이퍼). 이 책은 대담하게도 앞으로 수십 년 안에 사람들 대부분이 돈을 벌 수 있는 일은 할 수 없을 것이라고 주장한다.

『계획된 불평등: 여성 기술인의 배제가 불러온 20세기 영국 컴퓨터 산업의 몰락*Programmed Inequality*』(마리 힉스 | 권혜정 옮김 | 이김). 이 매혹적인 책은 컴퓨터 과학의 태동에 공헌한 영국 여성들의 이야기를 들려주며, 성 불평등과 경제 불평등이 만연했고 지금도 여전히 여성들이 차별받고 배제되고 있음을 보여준다.

『구글은 어떻게 여성을 차별하는가: 보이지 않게 차별·혐오·불평등을 생성하고 유통하는 알고리즘의 숨은 속성을 들여다보다*Algorithms of Oppression*』(사피야 노블 | 노윤기 옮김 | 한스미디어). 우리가 매일 사용하는 알고리즘인 구글 검색 엔진이 어떻게 인종차별을 강화하는지를 살펴보는 중요한 탐구서다.

『그들은 알고리즘을 알았을까: 길 찾던 헨젤과 그레텔, 마법 주문 외우던 해

리 포터*Once Upon an Algorithm*』(마틴 어윅|송원형 옮김|영진닷컴). 알고리즘의 작동 방식을 창의적으로 설명하는 마틴 어윅은 해리 포터나 그림 형제의 동화 같은 친숙한 이야기에 등장하는 인물들이 문제를 풀어나가는 기법을 이용해 모든 수학 뒤에 있는 기본적인 아이디어를 설명한다.

『기계학습과 사람의 지능: 21세기 교육의 미래*Machine Learning and Human Intelligence*』(로즈메리 러킨). 빅데이터와 AI의 시대에 교육의 미래는 어떻게 될까? 이 책에서 로즈메리 러킨은 통합적이면서도 쉬운 설명으로 AI 기술이 만들어갈 미래의 교실 모습을 소개한다.

『기술 윤리*Technology Ethics*』(스테퍼니 헤어). 이 책은 현재 인류가 직면한 가장 곤란한 문제들(생체 인식 기술, 빅데이터, 데이터 보호, 아동 데이터 같은)을 해결하고자 한다. 스테퍼니는 기술을 만들고, 기술에 투자하고, 기술을 규제하고 보고하는 사람들에게 도전하는 동시에 영감을 준다. 그리고 이 책을 읽는 모든 독자가 기술을 더 잘 이해해서 기술을 만들고 관리하는 사람들에게 책임을 물을 수 있게 한다.

『기술을 좇는 인종: 새로운 짐 코드를 위한 노예폐지론자의 도구들*Race After Technology*』(루하 벤저민). '새로운 짐 코드New Jim Code'라는 개념을 제시하는 루하는 차별적인 다양한 컴퓨터 설계가 인종적 계층 구조를 명백하게 증폭함으로써 불평등을 만드는 방식을 보여준다. 루하는 사회학적으로 형성된 회의론으로 기술의 약속을 해석하는 개념 도구를 제공해준다.

『기업가형 국가: 공공경제 부분의 한계 극복 대안*The Entrepreneurial State*』(마리아나 마추카토|김광래 옮김|매일경제신문사). 이 책은 혁신과 산업, 국가

의 관계를 거꾸로 뒤집어엎는다. 교수이자 경제학자인 마리아나 마추카토는 위험 부담이야말로 국가가 언제나 맡아왔고, 맡게 될 아주 중요한 영역임을 유창하면서도 명확한 어조로 논한다.

『나는 왜 더 이상 백인들과 인종에 대해 이야기하지 않는가*Why I'm No Longer Talking to White People About Race*』(레니 에도로지). 이 강력한 책은 영국에서 인종차별이 일어나는 구조를 깊이 탐색하고 백인이 이 제도 속에서 안주하는 방식을 이야기한다. 여성과 기술을 생각할 때 빼놓을 수 없는 인물인 저자 에도 로지는 백인 여성을 위한 발전이 어떻게 유색인 여성을 배제하는지를 논의한다. AI에서 보이는 이런 백인 페미니즘은 어떻게 해야 물리칠 수 있을까?

『다양성: 불평등에 맞서는 방법, 그리고 불평등에 맞서야 하는 이유*Diversity*』(준 사퐁). 이 당당하면서도 미묘한 뉘앙스의 책은 우리가 다양성의 이득을 배울 수 있는 방법을 다각도로 조명한다. 그뿐 아니라 사퐁은 사회 구조적으로 다양성이 제한되는 곳을 살펴보고, 그런 배제가 불러오는 결과를 함께 논의한다.

『대량살상 수학무기: 어떻게 빅데이터는 불평등을 확산하고 민주주의를 위협하는가*Weapons of Math Destruction*』(캐시 오닐|김정혜 옮김|흐름출판). 캐시 오닐은 2008년 금융위기나 학자금 대출 같은 다양한 소재에서 분명하고도 쉽게 알아볼 수 있는 실제 사례를 들여다보며 가장 좋은 의도로 설계된 알고리즘이라고 해도 사회·경제적 불평등을 조장할 수 있음을 보여준다.

『데이터 페미니즘*Data Feminism*』(캐서린 디냐치오, 로런 F. 클라인). 명석한 두 교수가 집필한 이 책은 페미니즘과 데이터 과학의 관계를 집중적으로 살핀다. 권력이나 노동과 같은 주제를 살펴보면서 두 사람은 데이터 선택과 시각화, 분석이 어떤 식으로 성에 영향을 미치는지를 설명한다.

『디지털 유인원*The Digital Ape*』(나이절 섀드볼트, 로저 햄프슨|김명주 옮김|을유문화사). 이 책은 사람이 자신의 지능으로 어떻게 기계를 통제하고 균형을 이루는지를 탐구한다. AI가 줄 수 있는 보상에 대해 좀더 자세히 알고 싶은 사람에게 이 책은 증강 현실이 된 미래의 밝은 면을 조금 더 자세하게 알려줄 것이다.

『렛 잇 고: 데임 스테퍼니 셜리의 회고록*Let It Go*』. 이 통쾌하고 솔직한 회고록에서 데임 스테퍼니 셜리는 독자들을 데리고 난민에서 여성 사업가를 지나 자선가로 향하는 자신의 여정을 떠난다. 이 회고록을 읽으면서 창의성과 성장과 헌신이 얼마나 중요한지를 깨달았고, 많은 생각을 정립할 수 있었다.

『린 아웃*Lean Out*』(돈 포스터). 여성 기업가로 성공하는 법을 이야기한 셰릴 샌드버그의 책 『린 인*Lean In*』을 알고 있는지도 모르겠다. 돈 포스터는 셰릴 샌드버그와는 다른 조언을 한다. 의미 있는 페미니스트적인 변화는 강력한 여성 몇 명이 기업의 계층 사다리를 오르는 것이 아니라 그 사다리를 완전히 부술 때 온다고 말이다.

『마스터 알고리즘: 머신러닝은 우리의 미래를 어떻게 바꾸는가*The Master Algorithm*』(페드로 도밍고스|강형진 옮김|비즈니스북스). 이 책은 AI가 우리 사회에 영향을 미치고 있음을 쉽게 확인할 수 있는 사례들을 모아, 궁극적으로는 데이터로 모든 것을 배울 수 있는 단일 알고리즘을 찾으려는 현행 연구가 어떤 의미인지를 생각해본다.

『미래 정치: 기술이 바꾸는 세상에서 함께 살아가기*Future Politics*』(제이미 서스킨드). 이 책은 우리에게 자유와 평등의 의미, 권력과 재산을 갖는다는 것의 의미, 정치 체제가 정의롭다거나 민주적이라는 것의 의미를 다시 생각해보게 하며, 우리가 통제력을 되찾을 수 있는 방법들을 제안한다.

『보이지 않는 여자들: 편향된 데이터는 어떻게 세계의 절반을 지우는가*Invisible Women*』(캐럴라인 크리아도 페레스|황가한 옮김|웅진지식하우스). 페레스의 책은 이 세상에서 성별이 데이터를 기반으로 하는 결정과 설계에 영향을 미치는 모든 방식을 검토하고 있다. 그래서 나는 이 책 곳곳에서 페레스의 글을 인용했다. 의학 진단법부터 자동차 공학, 욕실 설계에 이르기까지 다양한 주제를 살펴보면서 페레스는 계속 질문한다. 이 데이터 어디에 여자가 있는가? 여자들이 보이지 않는다면, 어떤 결과가 나올 것인가?

『블레츨리파크 구하기: 소셜미디어의 해시태그는 2차 세계대전의 암호 해독 기지를 어떻게 구했을까*Saving Bletchley Park*』(수 블랙, 스테빈 콜건). 2장에서 소개한 앨런 튜링과 조앤 클라크의 이야기에 흥미가 있는가? 그렇다면 수 블랙 박사가 2차 세계대전 때 독일군의 암호를 해독하는 데 결정적인 역할을 한 장소에 관해 쓴 다른 이야기를 읽어보자. 블레츨리파크는 2000년대 초반에 철거될 예정이었지만, 소셜미디어가 막아냈다!

『사람처럼은 보이지 않는 너지만 사랑해*You Look Like a Thing and I Love You*』(저넬 C. 셰인). 책을 읽으면서 배꼽을 잡고 웃었다. 재미있는 실험, 실제 사례, 만화를 통해 저넬 C. 셰인은 AI가 우리 세상을 어떻게 이해하고 있으며, AI의 무엇이 잘못되고 있는지를 말해준다. AI에 관한 실무 지식을 넘어 좀더 똑똑해진 미래가 오리라는 주장을 회의적으로 검토할 수 있는 도구를 독자의 손에 쥐어주는 책이다.

『세상을 연결한 여성들: 과학자, 프로그래머에서 사업가까지, 여성이 이끈 인터넷의 역사*Broad Band*』(클레어 L. 에반스|조은영 옮김|해나무). 현재 인터넷이라고 알고 있는 기술을 구축하는 데 참여한 여성들의 이야기로 가득한 책이다. 특히 내 마음을 울린 장은 2장이었다. 기술 분야를 가득 채운 남자들의 서사에 맞서는 놀랍고도 재미있고 강력한 여성들의 역사를 들려준다.

『슈퍼인텔리전스: 경로, 위험, 전략*Superintelligence*』(닉 보스트롬|조성진 옮김|까치글방). 사람 수준의 지식을 지닌 기계를 만든다는 생각에 집착하는(어쩌면 사로잡혀 있는) 사람이라면 철학자 닉 보스트롬이 슈퍼지능(초지능)에 도달한다는 것이 어떤 의미인지를 고찰한 이 책을 읽어보는 게 좋겠다.

『신뢰 이동: 관계·제도·플랫폼을 넘어, 누구를 믿을 것인가*Who Can You Trust?*』(레이첼 보츠먼|문희경 옮김|흐름출판). 이 흥미로운 책은 오늘날의 디지털 생태계에서 신뢰가 차지하는 역할을 탐구한다. 비정규직 경제, 암호화폐, 자율 주행차의 영향을 중점적으로 다루면서, 우리가 신뢰하는 제도와 아이디어들이 어떻게 우리의 새로운 세상에 적응하고, 세상의 모습을 만들어가는지를 탐색했다.

『안녕, 인간: 부와 권력을 지배하는 인공지능의 보이지 않는 공포가 온다*Hello World*』(해나 프라이|김정아 옮김|와이즈베리). 이 책은 지금의 '알고리즘 시대'가 어떤 식으로 우리의 삶을 바꿀 것인지, 우리는 깨닫지도 못하는 상태로 삶의 방식이 얼마나 많이 바뀌었는지를 고찰한다. 우아

하고 친근하고 이해하기 쉬운 문장으로 쓰인 이 책은 현대 세상을 탐색할 수 있는 완벽한 안내서다.

『어떻게 인간과 공존하는 인공지능을 만들 것인가: AI와 통제 문제*Human Compatible*』(스튜어트 러셀|이한음 옮김|김영사). 사람이 만들어낸 지능형 기계들과 우리는 행복하게 공존할 수 있을까? 이 책은 '그렇다'라고 대답하지만 '그전에 먼저……'라고도 말한다. AI의 기반을 탁월하게 재해석하면서 러셀은 처음부터 독자들과 함께 여행을 떠나, AI가 만들어가는 사회가 불러일으키는 질문에 관해 설명하고, 기계들이 사람을 이롭게 하는 존재로 남을 수 있게 하는 방법을 멋지게 제시한다. 세계적으로 손꼽히는 전문가가 들려주는 가독성 높고 전적으로 중요한 미래 안내서다.

『어떻게 해야 할까: 설계로 이루는 성평등*What Works*』(아이리스 보넷). 우리의 알고리즘과 사회에 온갖 방법으로 성 편향이 스며들어 있는 지금, 우리는 어떻게 해야 좀더 평등한 세상을 만들 수 있을까? 보넷의 책은 행동과학을 이용해 당장 조직을 다시 설계함으로써 성 편향을 제거하는 방법을 고찰한다.

『여성들이 미래를 발명한다*Women Invent the Future*』(닷에브리원 편집부). 마사 레인 폭스의 인터뷰에서 나온 닷에브리원의 책이 바로 이 책이다. 소설 여섯 편과 시 한 편을 모은 이 어마어마한 SF 저작물은 일곱 명의 여성이 우리가 맞을 기술의 미래를 상상해볼 수 있는 공간을 제공해준다. 출산, 일, 정체성, 사랑에 관해 이야기할 뿐 아니라, 그보다 더 중요하게 앞으로 다가올 승리와 결과의 가능성에 관해 이야기한다.

『연기와 거울*Smoke & Mirros*』(제마 밀른). 이미 알고 있듯이 잔뜩 허세를 부린 표제를 단 과학과 기술 이야기는 익숙하다. 그런데 그런 과대 선전에는 어두운 면이 있다. 사람을 속이고 기만할 수 있다는 것이다. 제마 밀른은 여러 분야 중에서도 AI, 양자 컴퓨터, 뇌 이식, 암 치료제에 관한 과대 선전이 각 분야에서 중요한 발전을 어떤 식으로 가로막는지 밝힌다. 과대 선전이 어디서, 어떻게, 왜 사용되는지만 알면 과대 선전을 물리칠 수 있다. 이 책은 정확히 독자가 그런 일을 할 수 있도록 돕는다.

『열등한 성: 과학은 어떻게 성차별의 도구가 되었나?*Inferior*』(앤절라 사이니 | 김수민 옮김 | 현암사). 생물학, 인류학, 심리학의 생각들을 살펴보고, 이들 학문이 어떤 식으로 성차별 의식을 분석에 심어두었는지를 보여준다. 사이니는 그런 편향이 미치는 영향을 설명할 뿐 아니라 상황을 바로잡고, 성 편향을 제거할 수 있는 새로운 연구 방법을 소개함으로써 미래는 더 나아질 수 있다는 희망을 준다.

『예측 기계: 인공지능의 간단한 경제학*Prediction Machines*』(어제이 애그러월, 조슈아 갠스, 아비 골드파브 | 이경남 옮김 | 생각의힘). AI가 사업을 변화시키는 방식에 흥미가 있는 사람을 위한 책. 이 책은 '낮은 비용으로 예측할 수 있다'는 전제 아래 AI의 불확실성과 생산성을 이해할 수 있게 설명한다. 실용적이면서도 쉽게 이해할 수 있는 이 책은 경제학을 어느 정도 아는 사람이라면 AI 학습의 좋은 출발점이 되어줄 것이다.

『의식 있는 기계로 가는 길: AI 이야기*Road to Conscious Machines*』(마이클 울드리지). AI를 포괄적으로 다룬 역사서를 찾고 있다면 마이클 울드리지의 책을 읽자. AI의 발달 과정을 이해하기 쉽고 명석하면서도 사려 깊게 추적한 책이다. 『세상을 연결한 여성들』, 『계획된 불평등』과 함께 읽으면 훨씬 도움이 될 것이다.

『인공지능 알기: 성과 생각하는 기계*Artificial Knowing*』(앨리슨 애덤). AI와 성이 갖는 철학적 측면에 관심이 있는 사람이라면 반드시 읽어야 할 책이다. 애덤은 주류 AI 모델에서 나타나는 성별 편견을 찾고 탐구하기 위해 정체성, 지식, 합리성, 언어 같은 주제를 고민한다.

『자동화된 불평등: 첨단 기술은 어떻게 가난한 사람들을 분석하고, 감시하고, 처벌하는가*Automating Inequality*』(버지니아 유뱅크스|김영선 옮김|북트리거). 이 책에서 유뱅크스는 신기술이 미국에서 가난의 대물림에 어떤 식으로 영향을 미치는지를 집중 조명하면서 알고리즘이 불평등을 영속화하는 방식을 검토한다. 캘리포니아주, 인디애나주, 펜실베이니아주에서 진행한 연구 사례들을 이용해 AI가 불러일으킬 수 있는 많은 문제 가운데 하나를 매혹적이면서도 요란하게, 깊이 파고드는 책이다.

『페미니즘 인공지능: 오해와 편견의 컴퓨터 역사 뒤집기*Artificial Unintelligence*』(메러디스 브루서드|고현석 옮김|이음). 이 책은 우리가 AI에 관한 이야기를 들을 때면 거의 생각하지 않는 내용에 초점을 맞춘다. 알고리즘은 잘못 추측할 때가 많다는 사실 말이다. 우리가 의존하는 기술이 많은 경우 제대로 작동하지 않는다는 사실은 어떤 의미가 있을까? 우리는 그런 상황을 개선할 수 있을까(아니, 개선하는 게 옳은 걸까)?

『프로그래머처럼 생각하기: 문제 해결과 논리적 사고 훈련을 통한 프로그래밍 학습*Think Like a Programmer*』(안톤 스프라울|김무항 옮김|에이콘출판). 알고리즘을 조금 더 기술적인 측면에서 알고 싶은 사람이라면 이 책을 읽

자. 프로그램이 어떤 모습을 하고 있는지, 문제를 풀 때 어떤 식으로 프로그램을 짜야 하는지를 창의적인 방법으로 알려주는 안내서다.

『휴먼 + 머신: AI 시대의 업무를 새롭게 상상하다*Human + Machine*』(폴 R. 도허티, H. 제임스 윌슨|이혜진 옮김|맥그로힐에듀케이션코리아). AI가 회사라는 조직의 구조를 어떤 식으로 바꾸고 있는지를 중점적으로 다루고 있다. 다양한 유형의 사업체들이 첨단 기술을 어떻게 다루며 어떤 방식으로 적용하고 있는지를 좀더 자세히 알고 싶다면, 이 책은 완벽한 선택이다.

『흥분 상태: 과학, 섹스, 그리고 로봇*Turned On*』(케이트 데블린). 우리는 케이트를 이 책의 6장에서 만났다. 케이트는 AI가 섹스를 어떻게 바꿀 수 있는지를 깊이 고찰하고, 섹스 로봇의 제작과 발달이 인간관계와 폭력, 끌림과 성을 이해하는 우리의 방식에 비출 때 어떤 의미가 있는지를 탐구했다.

『AI: 본질과 미래*AI*』(마거릿 보든). AI가 생물학부터 교육, 언어학에 이르기까지 모든 학문에 어떤 식으로 영향을 미쳐왔고, 앞으로도 미칠 것인지를 재기 넘치게 묘사하고 있다. 기계도 창의성을 갖게 될지, 21세기 예술 분야에서 AI는 어떤 의미를 갖게 될지에 대해서도 고찰한다.

『AI 슈퍼파워: 중국, 실리콘밸리 그리고 새로운 세계 질서*AI Superpowers*』(리카이푸|박세정·조성숙 옮김|이콘). 이 책에서 리카이푸는 중국과 미국이 어떤 식으로 AI 혁신을 만들어가고 지원하며 관리하는지를 보여주고, 중국이 AI 리더가 될 가능성이 가장 높다고 주장하면서 그 이유를 설명한다.

『AI 이야기: 지능형 로봇에 관한 상상력의 역사*AI Narratives*』(스티븐 케이브, 칸타 디할, 세라 딜런). 이 저자들은 고대 그리스부터 현대까지 환상적인 여행을 하면서 AI에 관한 상상력이 어떤 식으로 펼쳐졌는지를 살펴보고, 독자들이 그 역사적 지식을 이용해 가장 강력한 신기술과 관련된 현시대의 논쟁들을 풀어나갈 수 있게 돕는다.

『2029 기계가 멈추는 날: AI가 인간을 초월하는 특이점은 정말 오는가*Rebooting AI*』(개리 마커스, 어니스트 데이비스 | 이영래 옮김 | 비즈니스북스). AI 분야의 두 리더가 집필한 이 책은 현대의 연구 상황을 조명하고, 우리가 일반 인공지능(AGI)에서 실제로 얼마나 멀리 떨어져 있는지를 말해준다.

『21세기를 위한 21가지 제언*21 Lessons for the 21st Century*』(유발 하라리 | 전병근 옮김 | 김영사). 이 에세이 모음집은 현재 인류가 직면하고 있는 모든 시급한 도전을 훌륭하게 (어쩔 수 없이 정당하지만 두려운 방식으로) 소개하고 있다. 기후 변화나 핵무기, 가짜 뉴스 같은 주제를 다루고 있는 이 책은 너무나도 놀라운 변화가 일어나고 있는 순간에 살아간다는 것이 어떤 의미인지를 이해하려는 노력의 결과물이다.

『4차 산업혁명 시대 전문직의 미래: 빅데이터, 인공지능, 기술혁신이 가져올 새로운 전문직 지형도*The Future of the Professions*』(리처드 서스킨드, 대니얼 서스킨드 | 위대선 옮김 | 와이즈베리). 오늘날 존재하는 직업의 쇠퇴를 예측하는 이 책은 변호사, 회계사, 자문과 고문직의 상황을 살펴보고, 그 자리를 대신할 사람들과 제도를 논한다.

다큐멘터리, 뉴스레터, 팟캐스트

「기계들의 발흥The Rise of the Machines」. **베스 싱글러**는 케임브리지대학교, 드래곤라이트 필름과 함께 AI에 관한 단편 다큐멘터리 영화를 네 편 제작했다. 각 영화는 AI에 관해 우리가 품고 있는 커다란 질문을 하나씩 살펴본다. 첫 번째 작품, 「기계의 고통Pain in the Machine」 편에서는 로봇이 고통을 느낄 수 있는지, 느껴야 하는지를 다룬다. 「기계의 친구Friend in the Machine」 편에서는 우리가 로봇과 진짜 친구가 될 수 있는지를 고민하고, 「기계의 선Good in the Machine」 편에서는 AI의 윤리를, 15분이 채 되지 않는 「기계의 유령Ghost in the Machine」 편에서는 AI가 의식을 가질 수 있는가라는 소소한 질문을 숙고한다!

「더 그레이트 핵The Great Hack」(카림 아메르, 제핸 누젬, 2019). 케임브리지 애널리티카의 개인정보 유출 사건을 추적하는 이 다큐멘터리 영화는 특히 새로운 형태의 데이터 수집과 분석 방식이 현대의 관리 체제를 형성하는 데 전례 없는 힘이 되는 현상에 주목한다. 이 사건을 알고 있는 사람들에게는 케임브리지 애널리티카 내 특정 인물들의 역할과 개인이 (데이터는 물론 그 이상으로) 정치에 깊이 관여할 수 있는 방식에 관해 새로운 이야기를 들려준다.

딥마인드, 팟캐스트. 해나 프라이가 진행하는 이 엄청난 팟캐스트 시리즈는 세계 유수의 AI 기업이 하고 있는 일을 통찰한다.

「알파고AlphaGo」(그렉 코스, 2017년). 2장에 나왔던 알파고를 기억하는가? 이 다큐멘터리 영화는 AI가 이끈 승리에 관한 모든 이야기를 들려주고, 그런 승리가 AI의 미래, 그리고 AI와 사람이 맺는 관계에서 무엇을 의미하는지를 묻는다.

「**익스포넨셜 뷰**Exponential View」(아짐 아즈하르). 일할 때나 중요한 저녁 약속이 있을 때면 똑똑해 보이고 싶어서 내가 자주 훔치는 아이디어를 제공하는 익스포넨셜 뷰는 내가 아주 좋아하는 매체다. 이 매체를 만든 아짐은 AI 기술의 현 상황을 해체하고 분석한 뒤에 복잡하지만 이해할 수 있게 풀어서 설명해준다. 앞에서 나온 다양한 저자들과 같은 방에 앉아 있는 기분을 느끼고 싶다면 업계 유명 인사들이 출연하는 아짐의 팟캐스트를 반드시 들어보자.

코그니션X 뉴스레터. AI 공동체에서 일어나는 모든 놀라운 소식을 매일 당신의 메일함에 배달해줄 것이다. 건강 관련 분야의 미래부터 AI가 기후에 미치는 영향, 사업 혁신에 이르기까지, AI의 발전 소식을 전하며 AI를 염두에 두고 개발에 집중할 수 있게 해주는 멋진 결과물이다.

AI 나우 연례 보고서. 위험하고 위태로운 AI 기술을 사용하지 말 것을 요구하는 공동체, 연구원, 노동자 들을 집중 조명하고, 정책 입안자, AI 기술 옹호자, 연구원 들이 AI를 불평등을 확대하는 방식으로 사용하는 것을 방지하기 위한 열두 가지 권고안을 제시한다.

소설

『**속삭임**_Murmur_』(윌 이브스). 2장에서 나는 튜링의 업적을 조금 소개했는데, 수상 경력이 있는, 다양한 장르를 품고 있는 이 소설도 튜링의 삶을 어느 정도 차용해왔다. 튜링의 삶처럼 이 책도 아이디어와 창의력, 성과 고통, 가능성과 발명에 관한 이야기다.

『은하수를 여행하는 히치하이커를 위한 안내서*The Hitchhiker's Guide to the Galaxy*』(더글러스 애덤스 | 김선형 옮김 | 책세상). 전 시대를 통틀어 가장 유명한 SF 소설 가운데 하나인 이 책은 풍자와 여러 은하수가 지닌 모든 활력을 한데 섞어 넣은 책이다. 도저히 요약이 불가능한 책이니 직접 이 이상하고도 환상적인 세계로 풍덩 빠져볼 것을 적극 권한다.

『지의류와의 분쟁*Trouble with Lichen*』(존 윈덤). 1960년대에 출간된 이 SF 소설은 여성의 수명을 늘려주는 지의류를 발견한 젊은 여성 과학자가 자신이 속한 사회에서 여성에게 부여했던 전통적인 역할을 전복하려고 노력하는 이야기를 담고 있다. 이 책을 읽는 동안 나는 지의류를 AI로 바꾸어서 생각해보았고, 어떻게 해야 AI가 여성을 현 상황에서 벗어나게 해줄 궁극의 노예 해방자가 될 수 있는지를 고민해보았다.

『파운데이션*The Foundation*』 3부작(아이작 아시모프). 과학소설의 역사에서 기념비적인 업적을 세운 아시모프의 『파운데이션』 3부작은 미래 은하계의 흥망성쇠를 다루는 대서사시다. 아시모프의 유명한 **로봇 3원칙**은 그가 쓴 모든 로봇 이야기에서 기본 원리로 작동한다. 아시모프가 창조해낸 세상의 일부(특히 아래에 적은 로봇 3원칙)는 그 후 실제가 되었고, 지금까지 AI 개발에 영향을 미치고 있다.

- **로봇 1원칙** | 로봇은 사람을 다치게 하면 안 되고, 어떠한 행동도 하지 않아 사람이 해를 입게 내버려두어서도 안 된다.
- **로봇 2원칙** | 로봇 1원칙을 위배하지 않는 한 로봇은 사람의 명령에 반드시 복종해야 한다.
- **로봇 3원칙** | 로봇 1원칙과 2원칙을 위배하지 않는다면 로봇은 반드시 자기 존재를 보호해야 한다.

네 번째 원칙도 있는데, 이 원칙은 기계 스스로 사람을 보호하는 원칙을 만든다는 점에서 주목할 가치가 있다.

아시모프의 단편소설 모음집 『**아이, 로봇** *I, Robot*』의 여러 요소는 유명한 배우 윌 스미스가 출연해 흥행에 성공한 동명의 영화에 영감을 주었다.

『**파워** *The Power*』(나오미 앨더만 | 정지현 옮김 | 민음사). 네 사람이 하루아침에 여자가 남자보다 더 힘을 갖는 새로운 사회로 가게 되면서 겪는 이야기다. 이 책은 우리에게 힘과 리더십, 권력 이양, 그리고 당연히 '여성'으로 사는 것에 관해 묻는다. 나는 이 책의 내용이 AI가 여성들에게 남성과 동등하거나 더 많은 힘을 주었을 때 일어날 수 있는 일을 상상해보는 위대한 사고실험처럼 느껴졌다. 앨더만이 독자들에게 그런 생각이 들게 하겠다는 의도를 가지고 책을 썼는지는 알 수 없지만 나로서는 AI 기술과의 유사점을 떠올리지 않을 수 없었다.

『**페넘브라의 24시 서점** *Mr Penumbra's 24-Hour Bookstore*』(로빈 슬로언 | 오정아 옮김 | 노블마인). 이 혁신적이고 멋진 소설에서 슬로언은 디지털의 미래를 들여다보는 동시에 인쇄된 책을 존중하는 세상을 창조해낸다. 전 세계 실리콘밸리의 수도인 샌프란시스코에서 조심스럽게 창조된 인물들은 현대 세계에서 지식이 어떤 의미를 갖는지, 누가 지식에 접근할 수 있는 권한을 얻는지를 탐구한다.

『**프랭키스슈타인** *Frankisstein*』(지넷 윈터슨 | 김지현 옮김 | 민음사). 『프랑켄슈타인』을 현대에 맞게 개작한 작품이다. 날카로우면서도 재미있는 요소를 한데 엮어 성과 기술, 사랑과 혁신에 관한 이야기를 들려준다.

「히든 피겨스Hidden Figures」(시어도어 멜피 감독). **마고 리 셰털리**가 쓴 동명의 책에서 개념을 살짝 빌려온 이 영화는 미국과 소련이 우주 경쟁을 벌일 때 NASA에서 일한 세 명의 흑인 여성(캐서린 존슨, 메리 잭슨, 그리고 나의 영웅 도러시 본)을 다룬 매혹적인 실화다. 인종과 성차별의 시대에 세 여성은 그저 자기 일을 하려고 차별에 맞서 싸워야 했다. 오늘날에도 흑인 여성들이 그래야 하는 것처럼 말이다. 이 영화를 보면서 여성들의 긴 여정을 함께할 때마다 나는 흐느껴 울게 된다.

활동, 이벤트, 강좌

코그엑스 페스티벌. 매년 6월이면 내가 공동 설립한 회사에서 여러분을 초대해 이 세상 최고 사상가들의 강연을 들을 수 있는 기회를 제공한다. 2019년에는 2만 명에 달하는 사람들이 런던 킹스크로스에서 600명의 강연자를 만나 기술이 산업과 정부, 사회에 미치는 영향력에 대해 토론했다. 다음번 축제는 당신도 우리와 함께하자!

코세라Coursera. 앤드루 응의 기계학습 강좌. 두 강좌가 있다. 하나는 기업가를 위한 일반 강좌이고, 다른 하나는 좀더 전문적인 내용으로 진행한다. 수백만 명이 기계학습을 이해하려고 이 강좌를 들었고, 앞으로 AI를 이용하거나 AI 환경을 구축할 생각이 있는 사람이라면 첫 단추를 이 강좌로 시작하는 것은 훌륭한 선택이다.

테크멈스Tech Mums. **수 블랙** 박사가 개설한 이 강좌들은 특히 기술 공포증이 있다고 고백하는 엄마들이 기술을 난해하게 느끼지 않도록 도와주고 있다. SNS로 옛 친구들과 연락하는 법, 아이들에게 안전하게 온라인을 이용할 수 있도록 알려주는 방법, 일터에서 기술을 이용하는 방법을 가르쳐주는 등 일주일에 두 시간씩 수업을 진행해 광범위한 기술 분야를 직접 경험할 수 있도록 안내한다. 그것도 완전히 무료로 말이다!

파운더스4스쿨스 Founders4Schools. 영국에 살고 있고, AI 전문가가 학교로 찾아와 강연해주기를 바란다면 이 자선단체를 찾는 것은 아주 좋은 방법이다. AI 전문가들을 초청해 그들의 경험을 들어보자. 강연비도 받지 않고 와줄 것이다.

AI 개론 강의 Elements of AI. 헬싱키대학교와 IT 기업 레악토르Reaktor가 함께 진행하는 이 강좌는 실용성과 관련해 AI가 무엇을 할 수 있고, 무엇을 할 수 없는지를 배우는 환상적인 출발점이 되어줄 것이다. 이 강의를 듣는 동안 신경망과 분류기 같은 개념들을 간략하게 듣고, 기술 뒤에 존재하는 기본 수학에 관해 조금 더 자세하게 배우게 될 것이다. 프로그래밍이나 수학을 몰라도 된다. 강의료도 무료이므로 걱정하지 말고 한번 들어보자!

AI 석사 과정과 전공 전환 프로그램. 이공계열의 학과를 졸업했느냐, 어떤 학위가 있느냐와 상관없이 스물여덟 개 대학교에서 이런 프로그램에 참여할 수 있다. 다양한 배경을 가진 인재들이 AI 분야에서 일할 수 있도록 데임 웬디 홀이 권장하고 있는 이런 프로그램들은 인문계열의 학과를 졸업했지만 AI에 관해 배우고자 하는 사람에게는 완벽한 과정이다. 자산 상태에 따라 해마다 1000명의 학생들에게 지급하는 장학금은 흑인, 여성, 장애 학생에게 우선권이 있다. 더 자세한 내용은 학생처 홈페이지에서 알 수 있다. #JoinyourAIFuture를 검색해 보자.

Machinelearningforkids.co.uk. '어린이를 위한'이라는 표현 때문에 이곳을 건너뛰지는 말자. 솔직히 내가 AI를 이해하려고 애쓸 때 유용한 도움을 가장 많이 받은 곳이다. 이곳에서 제공하는 무료 툴을 이용하면 문자와 사진을 구별하고 심지어 게임을 만들 수 있도록 컴퓨터를 학습시키는 방법을 이해할 수 있게 된다.

S2DS와 Faculty.ai. 유럽에서 가장 큰 데이터 과학 훈련 프로그램이다. 두 프로그램 모두 STEM 박사학위와 석사학위를 받은 탁월한 인재들이 데이터 과학과 AI 전문가 양성을 돕고 있다.

십 대를 위한 AI Teens in AI. 영국에 살고 있고 아직 열여덟 살이 안 된 당신은 열심히 배울 준비가 되어 있는가? 그렇다면 '십 대를 위한 AI'에서 개최하는 해커톤, 액셀러레이터, 부트캠프에 참가하거나 회원으로 등록해 멘토링 프로그램, 강연, 기업 탐방, 워크숍, 내부 커뮤니티에 참가해보자.

감사의 말

이 글은 한 손으로, 아주 천천히 쓰고 있다. 이제 생후 18일이 된 아들을 깨우지 않으려면 최대한 손을 움직이지 말아야 하기 때문이다. 오티스는 순진하게도 내가 이 책을 끝낼 수 있을 거라고 생각해 확보해둔 시간에 우리에게 왔다. 예정일보다 3주나 일찍. 언제나 항상 오티스가 상황을 결정할 수 있는 책임자라고 말할 수 있어서 기쁘다! 오티스와 함께하는 삶은 마법 같고 예측 불가능하다. 내 삶은 이 새로운 축을 중심으로 돌고 있으며, 내 심장은 정말로 폭발해버릴 듯하다. 정말로 오티스에게 감사하고, 내가 아기를 갖는 걸 고려해볼 수 있게 해준 내 인생의 모든 여성에게 감사하다.

다행히도 처음 집필하던 순간부터 나는 이 책을 혼자서는 쓸 수 없다는 사실을 깨달았다. AI의 역사에 관한 장을 쓰면서 거의 모든 프로젝트가 팀워크의 결과이며, 멋진 여성들의 합작품임을 알았다. 이 책도 마찬가지다.

미셸 케인이 없었다면 이 책은 나올 수 없었을 것이다. 모든 저자가 담당 편집자를 이런 식으로 언급하지만, 나의 경우는 정말로 사실이다. 미셸을 만나기 전까지는 이메일보다 더 긴 글을 쓴다는 건 생각해본 적이 없다. 미셸은 「들어가며」에서 언급한 『리포스트』 주최 행사에서 내 강연을 듣고 내가 전하는 메시지를 선명하고 분명하게 이해했다. 그리고 다른 여성들도 내 이야기를 듣기를 바랐다. 그래서 나에게 이 책을 쓸 수 있는 플랫폼을 제공해주었다. 나의 에이전트인 커티스 브라운의 캐롤리나 서튼에게도 감사를 전한다. 출판업계에서 가장 경험이 많은 에이전트의 지도를 받으며 나도 책을 쓰는 저자가 될 수 있었다.

나의 영웅, 제마 리브스와 이브 크라이서를 소개하고 싶다.

나의 공동 저자이자 교사이고 소설가인 제마는 어려운 주제를 분해해 멋진 이야기로 만드는 부러운 재능의 소유자다. 그녀는 자신이 기술 공포증이 있다고 고백하지만, 그 덕분에 그녀는 내가 전하고 싶었던 이야기들을 승인하거나 거부할 수 있는 가장 완벽한 위치에 있는 사람이 되어주었다. 위아래가 뒤집힌 생각들과 두서없이 나열된 단어들을 가지고 유려한 문장으로 만들어준 제마 덕분에 이 책은 지금과 같은 모습으로 출간될 수 있었다.

우리의 연구원 이브는 우리가 만났을 때 성과 미디어, 문화에 관한 논문을 막 끝낸 참이었다. 나는 이브가 #미투운동과 관계가 있는 AI에 관한 글을 쓰고 있다는 사실이 너무나 좋았고, 이브의 호기심과 세심한 주의력이 이 책이 노래하는 데 필요한 세부 사항을 완성해주리라는 것을 알았다.

제스 웨이드는 책을 쓰고자 마음먹은 사람이라면 반드시 자기편으로 만들고 싶을 사람이다. 자기 의견을 솔직하게 말하는 사람이지만 그에 못지않게 아낌없이 격려해주고, 물리학자이자 일러스트레이터이기도 한 아주 드문 사람이다. 제스는 정교한 삽화로 인터뷰에 활기를 불어넣어준, 정말로 우리가 고마움을 전해야 할 사람이다.

찰리 뮤어헤드와 조애나 실즈 회장을 비롯해 코그니션엑스에 투자해주신 많은 분에게 깊이 감사드린다. 그분들 덕분에 AI 지형을 탐색할 수 있었고, AI에 관한 통찰력을 여러 사람에게 전달해줄 수 있었다. 이분들이 주신 지원과 보여주신 이해심은 정말 큰 도움이 되었다.

열세 살에 소피 스미스를 만난 것이 나의 성장 발달에 얼마나 중요한 영향을 미쳤는지 미처 모르고 있었다. 소피는 선생님들이 정해준 방식이 아니라 내 방식대로 공부하면 수학에서 A⁺를 받을 수 있음을 알게 해주었고, 내 사고 패턴에서 나타나는 정치적 반동성을 이해하려는 나의 최근 여정을 지지해주는 등 나에게 엄청난 영향을 미치는 동시에 정말로 필요한 많은 지원을 해주었다.

헤이즐 팔크, 루시 러스콤, 이시 페란데스, 에밀리 채플, 조니 펜, 셰릴 클레먼츠, 클레어 크레이그, 캐서린 브레슬린, 베리티 하딩, 라디카 이예르, 조 버먼, 엘레오노라 하위치, 프리야 라카니, 에마 싱클레어, 데임 웬디 홀, 사나 카레가니, 지나 네프, 아짐 아즈하르, 스칼릿 커티스, 특히 나의 특별한 어머니 제인 프록터의 피드백이 없었다면 이 책은 그저 이 책의 2D 버전으로 그치고 말았을 것이다.

마지막으로 에드가 없었다면 나는 나의 2D 버전이 되고 말았을 것이다. 에드를 만나기 전에는 매일 아침 샤워를 하면서 마리나 앤 더 다이아몬즈의 노래를 들었다. 큰 소리로 따라 부르곤 했다. '나는 로봇이 아니야/ 알아? 난 로봇이 아니야.' 하지만 나는 모든 면에서 로봇이 되지 않으려고 필사적으로 노력했다고 생각한다. 나는 내게 주어진 모든 시간에 일을 했고, 다른 건 무시해버렸다. 그러다가 나의 아들 오티스의 아버지가 되는 에드를 만났고, 내 세상은 바뀌었다. 비록 나는 『AI 세상에서 똑똑하게 살아가는 법』이라는 책을 썼지만, 모든 면에서 감사해야 할 사람은 에드다. 왜냐하면 내가 로봇이 아니라 진짜 사람처럼 살아갈 수 있는 건 모두 에드 덕분이기 때문이다.

찾아보기

옮긴이 김소정
대학교에서 생물학을 전공했고, 과학과 소설 분야의 책을 주로 번역하고 있다. 옮긴 책으로는『원더풀 사이언스』『길 위의 수학자』『마음의 상처로 죽을 수도 있을까』『중력에 대한 거의 모든 것』『비비안 마이어』 등이 있다.

AI와 살아가기 위한 기초 지식

1판 1쇄 2024년 1월 24일
1판 2쇄 2024년 10월 28일

지은이 타비타 골드스타우브
옮긴이 김소정
펴낸이 김정순
책임 편집 조은화
편집 허영수 오효순
디자인 이강효
일러스트 이무현
마케팅 이보민 양혜림 손아영

펴낸곳 (주)북하우스 퍼블리셔스
출판등록 1997년 9월 23일 제406-2003-055호
주소 04043 서울시 마포구 양화로 12길 16-9(서교동 북앤빌딩)
전자우편 henamu@hotmail.com
홈페이지 www.bookhouse.co.kr
전화번호 02-3144-3123
팩스 02-3144-3121

ISBN 979-11-6405-069-7 43500

* 해나무는 (주)북하우스퍼블리셔스의 과학 브랜드입니다.